海洋低频声学信号能量补偿与多次波压制

王卿 朱希安 郭师光 著

电子工业出版社·

Publishing House of Electronics Industry

北京·BEIJING

内 容 简 介

长期以来，海洋声学研究多围绕高频段声波传播和声学定位展开。本书围绕海水中低频声波的传播和去噪等研究，以水槽物理模拟为基础，从海底底质分类方面探讨了声学物理属性的分类作用，提出了海底检波器低频声波的声学损失补偿和鬼波压制方法，并分析了全球 8 个潜在含油气海区的海水物性信息，建立了一套适用于实际海洋地震调查分析的地震测网布置参数和海水透射损失数据。

本书可作为地球物理、海洋地震勘探等相关专业的学生、老师及研究人员参考资料。

图书在版编目（CIP）数据

海洋低频声学信号能量补偿与多次波压制 / 王卿，朱希安，郭师光著.—北京：电子工业出版社，2021.12
ISBN 978-7-121-42717-6

Ⅰ. ①海… Ⅱ. ①王… ②朱… ③郭… Ⅲ. ①海水－声波－探测－研究 Ⅳ. ①P733.21

中国版本图书馆 CIP 数据核字（2022）第 015127 号

责任编辑：刘小琳
印　　刷：三河市鑫金马印装有限公司
装　　订：三河市鑫金马印装有限公司
出版发行：电子工业出版社
　　　　　北京市海淀区万寿路 173 信箱　　邮编：100036
开　　本：720×1 000　1/16　印张：12.25　字数：195 千字
版　　次：2021 年 12 月第 1 版
印　　次：2024 年 6 月第 2 次印刷
定　　价：96.00 元

凡所购买电子工业出版社图书有缺损问题，请向购买书店调换。若书店售缺，请与本社发行部联系，联系及邮购电话：（010）88254888，88258888。

质量投诉请发邮件至 zlts@phei.com.cn，盗版侵权举报请发邮件至 dbqq@phei.com.cn。

本书咨询联系方式：liuxl@phei.com.cn，（010）88254538。

前　言

在海洋海底工程领域，如何通过海洋声波探测数据获取海洋浅层沉积物类型是海洋声学探测的难题，同时也是海洋地球物理调查方面的普遍性问题。本书通过 10kHz 和 20kHz 主频声波在水泥、卵石、粗砂、细砂和淤泥 5 种底质中的物理模拟水槽实验，弥补了实验室样本检测的物理失真性和实际海洋实验的低信噪比等缺点。通过对实验数据进行分析计算，我们发现，综合加权平均频率、瞬时频率属性和甜点属性可以很好地区分海底浅层沉积物的类型；其中，加权平均频率属性在 5 种底质上的数值呈阶梯变化，细砂的加权平均频率属性与粗砂和淤泥底质的有很大交集；瞬时频率属性可以最有效区分水泥、卵石、粗砂和淤泥底质，而对粗砂、细砂和淤泥底质的识别能力有限；甜点属性可以区分水泥、粗砂和淤泥 3 种底质，而对淤泥和细砂底质则无法进行精确划分。本书研究填补了这一领域的空白，为利用海洋超声和多波束方法直接对海底浅层沉积物物性探测划分提供了直接的参考参数，并为用海洋地震数据识别海底浅层沉积物提供了物理模拟基础。通过对海洋岩石物理声波实验的数据处理和系统分析，引出了在海洋数据处理中应该引起重视的两个问题，即声波在海水中的能量衰减和噪声压制问题。

海水中存在着声波能量衰减现象，并且仅仅依靠海洋物理的声学知识很难有针对性地解决相对大尺度且具有观测系统参数的地震波衰减问题，尤其是在海洋 OBC/OBS 地震勘探的实际应用领域，需要对海水中的地震波衰减和能量不均衡现象进行深入分析，并提出有效的解决方法。此外，在海洋多分量地震数据中，存在大量噪声，主要包括鬼波和多次波，这些规则噪声在实际地震信号记录上会严重干扰有效波的成像和分析。针对 4COBC/OBS 地震数据特点，必须建立一套行之有效的多分量地震数据压制鬼波和微屈多次波的方法及工作流程。首先，通过研究海洋物理参数，建立一套利用海洋调查物理数据（温度、盐度、深度和纬度）计算海水中声波速度场和密度分布的基本方法和流程；其次，结合实际地震数据道头信息，研究解决测网布置和海水深度导致的 OBC 地震记录不同道震源能量不一致现象，求取 OBC 地震道能量均衡补偿办法；最后，通过结合建立的海水速度场信息和 OBC 多分量地震数据，求取不同地震道的透射补偿因子，等效地将震源和检波器置于近似同一海底的平面之上，对 OBC 多分量地震信号进行有效补偿。

在多分量地震数据压制鬼波领域，首先，根据 OBC 压力分量和垂直分量检波器接收信号原理和转换方法的不同，提出利用标准化后的相关系数方法自动扫描求取垂直分量的尺度转换因子，使其在振幅尺度上不断趋近压力分量数据。利用相关分析对每个地震道进行扫描，使垂直分量和压力分量地震道在相位上达到最优化一致，从而进行压力分量和垂直分量的叠加，分离出鬼波和微屈多次波，得到最佳的纵波数据。其次，采用绝对振幅比扫描的方法，求出压力分量和水平分量地震数据之间的尺度转换因子，利用分离出的鬼波和微屈多次波，压制其在水平地震数据上的干扰，突出 PS 波有效信号。

借助前期的研究成果，本书分别分析了全球 8 个潜在含油气海区的海水物性信息，建立了一套适用于实际海洋地震调查分析的地震测网布置参数数据。此外，根据不同的海洋地震调查尺度和目标，建立了在不同分辨率下，达到不同速度分析精度的地震测网布置方法，并对几大海区的海水透射损失情况进行研究。

本书第 1 章至第 5 章由王卿编写，第 6 章由朱希安和郭师光编写。本书出版得到国家自然科学基金青年科学基金项目"双相薄（互）层介质背景上发育定向裂隙的 OA 介质视各向异性适用性和波场特征分析"（编号：41904117）和北京信息科技大学促进高校内涵发展（常规项目）的资助，特此感谢。

目　录

第1章　绪论 ·· 001

　1.1　项目背景和研究意义 ···································· 003

　1.2　研究现状和发展趋势 ···································· 006

　1.3　主要内容及内容安排 ···································· 009

第2章　海洋超声波水槽实验 ···················· 013

　2.1　引言 ··· 016

　2.2　实验描述 ·· 019

　　2.2.1　实验设计 ··· 019

　　2.2.2　实验数据采集 ·· 021

　2.3　实验数据 ·· 025

　　2.3.1　实验数据预处理 ···································· 025

　　2.3.2　实验数据处理 ·· 032

　2.4　实验数据结果分析 ·· 040

　　2.4.1　声波在海水中的衰减分析 ···················· 040

　　2.4.2　声波在沉积物中的衰减分析 ················· 044

　2.5　实验数据总结 ·· 048

第3章　海水对地震波传播的影响 ············· 051

　3.1　引言 ··· 053

　3.2　海水匀速下的地震波场正演模拟 ··············· 054

　　3.2.1　模型建立 ··· 054

3.2.2　弹性波正演 ··· 056

3.3　海水匀速模拟数据分析 ······································· 062

3.3.1　时间场与频谱 ··· 062

3.3.2　振幅随偏移距的变化分析 ································· 071

3.4　实际海水速度下的地震波场正演模拟 ···················· 072

3.4.1　模型建立 ··· 072

3.4.2　弹性波正演 ··· 080

3.5　实际海水速度模拟数据分析 ································· 086

3.5.1　时间场与频谱 ··· 086

3.5.2　振幅随偏移距的变化分析 ································· 095

3.6　均匀海水速度与实际海水速度下的地震波对比分析 ···· 096

3.6.1　时间场与频谱 ··· 096

3.6.2　振幅随偏移距的变化分析 ································· 101

3.7　长偏移距观测系统正演模拟 ································· 109

第4章　海洋多分量地震数据海水中能量损失补偿研究 ······ 117

4.1　引言 ··· 119

4.2　海洋物理参数计算方法 ······································ 121

4.2.1　声波速度公式 ··· 121

4.2.2　求取海水的压力和密度 ··································· 124

4.3　海水中声波能量衰减算法 ··································· 127

4.4　多分量正演地震数据海水衰减补偿 ······················ 131

第5章　海洋多分量地震数据双检合成技术研究 ·············· 137

5.1　引言 ··· 139

5.2　海底电缆双检工作机制和特性 ····························· 141

5.2.1　压力分量检波器的结构和工作原理 ··················· 141

5.2.2　垂直分量检波器的结构和工作原理 ··················· 142

　　　5.2.3　垂直分量检波器和压力分量检波器地震信号特点分析……143

　　5.3　双检检波器地震数据合成去噪方法 ……………………………147

　　5.4　模型数据计算 ……………………………………………………151

第6章　全球不同海区海洋地震调查基础数据分析………………159

　　6.1　引言 ………………………………………………………………161

　　6.2　海域分布与海洋物理基础数据计算 ……………………………162

　　6.3　不同海区观测系统偏移距设置参数分析 ………………………165

　　　6.3.1　全反射最大偏移距计算…………………………………………165

　　　6.3.2　不同速度分析精度和反射波主频偏移距计算…………………166

　　6.4　不同海区速度和密度的反射系数参数计算 ……………………170

参考文献 …………………………………………………………………173

第 1 章

绪论

1.1 项目背景和研究意义

在过去的 20 多年里,对海洋深水(500～2000m)、超深水(大于 2000m)的油气勘探和开发得到了巨大发展,开发区块主要集中在墨西哥湾、英国北海、西非和巴西等地区,其他地区海洋勘探处于开发初期。已经开发的海洋油气产量约占海洋油气总储量的 5%,勘探潜力巨大。中国南海盆地群石油地质资源量为 230 亿～300 亿吨,天然气总地质资源量约为 16 万亿立方米,占我国油气总资源量的三分之一,其中 70%蕴藏于 153.7 万平方千米的深海区域。2006 年,中国石油总公司在南海北部海域发现了 LW3-1 大型油气田,由此拉开了中国海洋油气勘探的序幕。但是,无论从海洋沉积、海洋油气地质系统理论、地球物理技术,还是从海洋石油工程技术来讲,中国都缺乏实际经验和系统的技术理论体系,对诸多领域的研究都处于空白。虽然国际上在诸多领域都展开了多年的研究,但是我国对海洋勘探缺乏相应的理论研究,尤其是对海洋浅层物性准确识别地震属性方法、海洋环境下地震波传播损失与畸变特征、垂直分量和压力分量保幅叠加技术、海洋环境多分量去噪技术、海洋浅水流多分量识别技术、多分量深度偏移技术及各向异性全波形反演技术等缺乏应有的前瞻性和资金支持。

世界各国陆地油气勘探基本都处于后期开发阶段,海洋油气勘探正成为新的油气增长点,这对中国尤其重要。钓鱼岛及其附属岛屿和冲绳海槽区域、中国南海是具有极大潜力的海洋油气开采区。在中国南海南部已经有国外石油巨头进行油气开采活动。为了对海底油气储层进行长期的勘探和监控,4C-OBC 技术逐渐被油公司接受和认可,油公司的工作量逐步增加,但服务价格依然坚挺。从经济效益上分析,4C-OBC 技术勘探服务费用逐步降低,回报巨大。英国石油公司(BP 公司)为 Valhall 油田 4C 4D 油藏地震项目花费约 1 亿美元,新增可采储量 1 亿桶,得到了数十亿美元的巨大收益。能源咨询报告指出,在最近的客户调查中,石油公司的地质学家认为如果不考虑成本因素,所有地震勘探都应该用海底电缆进行三分量地震数据采集。

4C-OBC 海底电缆地震数据相对漂缆纵波数据具有如下优势:

(1)全波场采集,具有更好的地震成像效果和反演效果。

(2)消除了鬼波的影响。

(3)环境噪声低、重复性好,受气候、环境影响小。

(4)实施时移地震效果显著,可用于油藏开发。

(5)部分浅水流等海洋工程地质问题可以得到解决。

(6)流体与岩性识别成为可能。

(7)通过气云地震波成像,精度大幅度提高。

(8)地层压力与各向异性预测成为可能。

(9)可实现裂缝识别。

在中国海洋地震勘探中,应该大力推广 4C-OBC 技术。除技术上的优势外,这项技术将极大地减少不断重复 3D 拖缆地震测量带来的后期花费,提高海洋油气储层采收率,是一项可持续的地震勘探技术。油气勘探是当今与未来使世界储能增加最重要的方法，这对中国来说尤其重要。4C-OBC技术具有更加优越的技术和可持续的成本优势，无论从勘探还是从开发角度来看，该技术都推动了地震勘探技术的进步。对于中国勘探地球物理来说，海洋 4C-OBC 采集、处理与解释技术还处于初级阶段。随着 4C-OBC 技术的更多应用，众多相关的地球物理问题需要攻克。本书围绕这一系列问题展开介绍，针对目前海洋 4C-OBC 地震数据处理中存在的问题，提出解决相关技术问题的新思路和新方法，逐步解决部分 4C-OBC 地震数据处理技术难题。

1.2 研究现状和发展趋势

4C-OBC 技术的应用不断发展，在常规纵波领域已经十分成熟。而对于多分量常规处理部分，部分技术已经得到完善，但在关键的特殊处理技术领域，依旧存在大量问题。工业界一直将 4C-OBC 技术研究和应用领域作为应用研究的前沿，此外，中国的科研院所和石油企业等也在不断取得技术进步（见表 1-1），通过调研发现，4C-OBC 技术研究主要集中在表 1-2 所示的热点领域。

表 1-1 4C-OBC 技术研究单位现状

4C-OBC 技术领军者	法国地球物理公司（CGG 公司）	技术前沿、核心保密
4C-OBC 技术发展者	斯伦贝谢公司（SLB 公司）	Q-Marine
4C-OBC 技术在中国	中国海洋石油集团有限公司	工业界领军
	中国科学院南海海洋研究所	应用、地质
	中国科学院声学研究所	声学交叉理论
	中国科学院地质与地球物理研究所	仪器研发、常规处理、多分量研究组

表 1-2　4C-OBC 技术研究热点和趋势

潮汐校正技术研究热点和趋势	海底物性识别技术研究热点和趋势
检波点、炮点三维定位校正技术	深水能量补偿技术
海洋背景噪声压制技术	压力分量 P 与垂直分量 Z 合并技术
海洋数据 5D 插值重建技术	海量数据各向异性深度偏移技术
4C-OBC 时延技术	多次波压制等

在海水环境下，海水存在稳定的层化现象。海水中声波传播在纵向上表现为非线性特点。在海洋中，由于洋流、中小尺度过程等作用，会导致声波传播产生不同程度的扰动。确切地说，这些作用将导致波速出现各向异性现象，声波传播能量产生损失，振幅和相位等出现变化。CGG 公司和部分地球物理科研院所从 20 世纪 80 年代开始，对这一问题进行研究，提出了海水高程和速度场变化导致的振幅不一致性的海水校正方法。近年来，在海洋物理声学领域，西班牙海洋研究所的 V. Sallarès 等人展示了海水的速度场的层化现象，并通过地球物理反演的方法试图反演出海水的密度、温度和盐度信息。中国科学院的宋海斌研究了海洋中小尺度现象与速度场的关系；王赟等人从应用地球物理的角度对海水中的速度层化、能量衰减等进行了实验研究。目前，对于海洋海水速度场的变化、从震源能量到海底 4C-OBC 检波器能量差异等方面的地球物理研究，还处于空白阶段。

利用海洋 OBC 地震数据双检检波器去除鬼波和多次波领域的研究从 20 世纪 80 年代开始展开，但由于早期海洋四分量 OBC/OBS 地震数据较少，所以没有引起科学界和工业界的足够重视。最近 5 年，随着 4C-OBC 地震勘探技术的大面积应用，这一技术得到了足够的重视和发展。CGG 公司在这一领域一直保持领先，中国石油集团东方地球物理勘探有限责任公司在这一领域也有算法创新。然而，各种算法的研究均没有考虑干扰波在水平分量上的泄漏压制。如何总结出一套保幅的多分量鬼波和多次波压制技术是亟待解决的一个问题。

此外，在海水环境中，纵向沉积边界不明显。转换波偏移剖面在纵向能提供超越纵波的优势。在海水沉积环境下，由于物性变化导致的转换波振幅变化较纵波更加明显（4C-OBC 数据提供水平方向的转换波资料），如何有效地对转换波进行精确偏移成像将是一项需要突破的技术。目前，中国科学院多波多分量（MWMC）研究组开发的矢量波场偏移技术已趋成熟，并已应用于渤海和南海浅水区的 OBC 数据处理中。对于海水勘探来说，低信噪比数据的深度偏移技术会得到发展和推广；结合钻井信息不断提供的新的速度模型，新推出的 OBC 数据偏移方法将得到更好的实际应用。全波形反演技术利用叠前地震波场的运动学和动力学信息重建地层结构，具有揭示复杂地质背景下构造和储层物性的潜力。目前，全波形反演技术一般用在海上地震资料反演中，应用在陆地上的情况较为罕见。在国际上，英国帝国理工学院的研究者已经将各向异性全波形反演技术用在北海的 OBC 数据上；一些国际石油企业或组织的科研攻关综合考虑了 Q 补偿、地层吸收衰减等效应的全波形反演技术，也取得了阶段性进步。

1.3 主要内容及内容安排

1. 主要内容

1）海洋超声波水槽实验

这部分内容通过 10kHz 和 20kHz 主频声波在水泥、卵石、粗砂、细砂和淤泥底质的海水中的近似水槽物理模拟实验，分析了水槽模拟数据，提出了利用地震数据属性技术对海底浅层沉积物进行识别的方法；通过将实验设计和数据相结合，分析了海水和沉积物中的声波衰减现象，分析了海水中声波信号中存在的噪声信号。

2）海水对地震波传播的影响

这部分内容通过模拟不同主频信号、不同深度海水状态下地震波的传播机理，研究了实际海水分层对地震波场传播的影响，验证了海水在能量和 AVO 上对地震数据影响的存在性，为后续的算法研究提供了指导和参考。

3）海洋多分量地震数据海水中能量损失补偿研究

这部分内容首先通过研究海洋物理参数，建立了一套利用海洋调查物理数据（温度、盐度、深度和纬度）计算海水中声波速度场和密度分布的基本方法和流程；其次结合实际地震数据道头信息，研究解决了测网布置和海水深度导致的 OBC 地震记录不同道震源能量不一致现象，提出 OBC 地震道能量均衡补偿办法；最后通过结合实际海水物性信息建立的海水速度场信息和 OBC 多分量地震数据，求取不同地震道的透射补偿因子，等效地将震源和检波器放置于近似同一海底平面上，对 OBC 多分量地震信号进行有效补偿。

4）海洋多分量地震数据双检合成技术研究

这部分内容首先根据 OBC 压力分量和垂直分量检波器接收信号原理和转换方法的不同，提出先利用分频技术将压力分量和垂直分量进行分频处理；其次，选择标准化后的相关系数方法自动扫描求取垂直分量的尺度转换因子，使其在振幅尺度上不断趋近于压力分量数据；再次，利用相关分析对每个地震道进行扫描，使垂直分量和压力分量地震道在相位上达到优化一致；最后，进行压力分量和垂直分量的叠加，分离出鬼波和海底多次波，得到最佳的垂直分量纵波数据。

5）全球不同海区海洋地震调查基础数据分析

这部分内容通过前期的研究成果，分别分析全球 8 个潜在含油气海区的海水物性信息，建立了一套适用于实际海洋地震调查分析的地震测网布置参数。此外，根据不同的海洋地震调查尺度和目标，建立了在不同分辨率下，达到不同速度分析精度的地震测网布置方法，并对几大海区的海水透射损失情况进行了研究。

2. 内容安排

第 1 章主要介绍了本书中相关技术的研究背景、意义、现状和发展趋势。

第 2 章系统地介绍了实验设计、仪器设备、数据处理和结果分析等内容，从声波在海水中的衰减、声波在浅层沉积物中的衰减和浅层沉积物声波识别 3 个方面展开了系统的研究和讨论。

第 3 章系统地模拟了不同海水深度、不同海水物性和不同主频下地震波的传播规律，从能量、振幅和频率 3 个方面展开了系统的研究和讨论。

第 4 章主要从海洋物理参数计算方法、4C-OBC 地震数据能量衰减均衡补偿方法、模拟数据和实际数据的应用 4 个方面进行了分析、阐述。

第 5 章主要介绍了利用分频后的标准化相关系数法将垂直分量地震信号尺度调整到压力分量；利用互相关扫描方法对尺度化后的压力分量和垂直分量地震数据进行叠加，分离出鬼波和微屈多次波，并对算法应用于模拟数据进行了分析和讨论。

第 6 章主要从海洋物理和地球物理交叉的技术角度分析了不同海区地震观测系统和速度分析之间的关系，给出了较为详尽的观测系统偏移距参数和各海区海水的透射损失数据。

第 2 章

海洋超声波水槽实验

如何通过海洋声波探测数据获取海洋浅层沉积物类型是海洋声学探测的难题。本章首次通过 10kHz 主频声波在水泥、卵石、粗砂、细砂和淤泥 5 种底质中的物理模拟水槽实验，弥补了实验室样本检测的物理失真性和实际海洋实验的低信噪比等缺点。本章通过对实验数据进行分析计算发现，综合加权平均频率、瞬时频率属性和甜点属性可以很好地区分海底浅层沉积物的类型。其中，加权平均频率属性在 5 种底质上的数值呈阶梯变化，细砂的加权平均频率属性与粗砂和淤泥底质的有很大交集；瞬时频率属性可以最有效区分水泥、卵石、粗砂和淤泥底质，而对粗砂、细砂和淤泥底质的识别能力有限；甜点属性可以区分水泥、粗砂和淤泥 3 种底质，而对淤泥和细砂底质则无法进行精确划分。本章研究填补了这一领域的空白，为利用海洋超声和多波束方法直接对海底浅层沉积物物性探测划分提供了直接的参考数据，并为用海洋地震数据识别海底浅层沉积物提供了物理模拟基础。

2.1 引言

准确地探测和识别海底沉积物物性不仅对海洋石油勘探具有重要意义，而且对海洋工程、海洋地质、海洋渔业及水文和环境监测具有重要意义。目前，实验室沉积物样本测试是测量海底沉积物物性最为精确的方法，然而这种方法需要从海底沉积物攫取样本或岩心，费用昂贵且仅能获得一个点位上的信息；在进行超声波测试时，操作复杂耗时。此外，这一传统方法又忽略了海水对声波吸收的衰减传播，以及海底浅层沉积物含水甚至呈现半流体性状的影响因素。

为了更加精确地对海底沉积物类型进行划分，侧扫声纳影像技术开始被广泛采用，这一技术首先需要对识别海底底质进行分类训练，使其能够识别影像属性，然后再建立影像属性与海底沉积物类型之间的联系。先期培训需要大量先验信息和影像匹配，在侧扫声纳影像解释中，目前还是以人工解释为主，绘制的声纳影像也只是声纳镶嵌图。作为一种替代方法，遥感声学手段长久以来被认为是描述和划分海底沉积物物性的一个快速和具有成本效益优势的方法，这种方法主要利用来自海底反射的声波散射信号对海底沉积物进行鉴别分类。海底反射的散射信号中包含海底沉积物物性信息，可以用来评估海底沉积物的粒度大小和粗糙程度，这一方法被广泛应用在单波和多波束探测仪器上。然而，海底沉积物在粒度上多变，横向不均匀性显著，这给散射信号的解释带来了很大误差。此外，通常对散射数据的解释需要一个先验资料数据库，供以后进行多波束海底底质分类使用，这就需要大量的海底已知信息作为验证。

此外，反演和匹配场处理也被用于对海底沉积物的描述和分类中，然而在实时处理时，基于模型的大数据计算要求阻碍了这一方法的应用，并且海底界面不平整，散射和背景噪声的干扰会对波阻抗等参数的准确性造成很大干扰。在海底沉积物的分类识别中，人工神经网络技术被广泛应用，选择合适的回声特征类型进行训练和输入是利用神经网络方法识别海底沉积物能否成功的关键，不合适的输入会在训练和识别时发生错误。因而，准确选择具有显著识别特征的回声属性类型显得尤为重要。

海底沉积物物性信息包含在反射的声波信号中，为了更好地提供更加敏感和准确识别沉积物类型的属性参数，众多基础科学研究和试验相继展开。中国科学院南海海洋研究所探讨了利用声速、波形和振幅 3 个参数来判别沉积物物性，论证了利用这 3 个参数定性判断沉积物物性的方法，由于试验方法和步骤简单、粗糙，仅给出了利用这 3 个参数识别沉积物物性的可行性，并没有给出较为定量的参考数据。英国帝国理工学院利用环形超声波导波测量了 S 波和 P 波在海底未固结沉积物中的传播速度，讨论了超声波导波在沉积物中的衰减特征，为海底沉积物识别提供参考数据。英国国家海洋学中心在实验室测量了砂岩和灰岩超声波品质因子在超压条件下的数值变化特征，并尝试利用品质因子分辨岩性，但未考虑海底沉积物半流体和未固结的特征。东京大学通过实验室测量了在不同温度和频率情况下，超声波衰减受微观孔隙影响的特征，探索了孔隙参数和海水温度变化对超声波衰减的影响。

目前，海洋浅层沉积物物性识别研究基本停留在海洋声学角度，通常采用的在海水中实际测量识别的方法会受噪声干扰而使识别结果缺乏准确的检验标准，而利用海底采样结合实验室测量的方式忽略了海水对声波吸收的衰减传播，以及海底浅层沉积物含水甚至呈半流体特征的影响因素。因此，如何在应用广泛的人工神经网络识别算法中，选取最合适的算法用于神经网络的训练和输入，这需要更加全面的基础试验分析。为了解决这些问题，本书作者在山东科技大学沉积成矿作用与沉积矿产重点实验室设计了深海沉积环境的水槽超声实验系统，分别模拟了不同孔隙度和密度的海底沉积物基质的声波信号，统计对比了在不同介质、不同孔隙度和密度条件下，不同超声波属性之间的关系和变化特征，为海底沉积物物性探测划分提供了直接的参考数据，并为用海底表层反射地震数据识别海底沉积物提供了物理模拟基础。

2.2　实验描述

2.2.1　实验设计

　　基础实验选定在山东科技大学沉积成矿作用与沉积矿产重点实验室水槽进行,图 2-1 为水槽实验剖面示意图与平面俯视图。其中,水槽长为 40m,宽和高分别为 11m 和 8m。为模拟深海环境和不同的海底沉积物类型,通过计算,我们采用相似比法设计模型,水槽底部的沉积层厚度与水深比例按照 1：70 的比例设计。除确保有足够强回波信号和符合海水沉积特点之外,尽量使实验超声波多次反射信号与噪声信号可以被吸收衰减,达到较高的信噪比特点。根据 Halnilton 对海水沉积物物性的划分与孔隙率、平均粒径、密度特点,水槽基底沉积物依次选择相似性状的淤泥、粗砂、细砂、卵石、水泥,而水泥基底用来作为其他沉积物的实验数据分析参考,并不属于海水浅层沉积物。其中,水槽中的水基本是按照海水的平均盐度、温度特点注入的。沉积物之间采用吸声垂直挡板,可防止沉积物之间混合和回波信号的散射干扰。底层界面倾斜是为了模拟海水沉积时的表层沉积与基质非理想平行整合关系,并为利用海底反射信号检测海底沉积物的厚度提供模拟依据。由于高频信号穿透力有限，实验水槽铺设的沉积物厚度吸收声波的能力很强，加之倾斜界面的微弱反射，接收器接收的信号将能忽略来自沉积物下层界面反射的能量，使接收器接收的回波信号主要来自沉积物本身的反射。实验测量仪器采用中国石油大学（北京）定制的超声测井设备，主频分别为 10kHz 和 20kHz。如图 2-2 所示，超声测井仪器顶部 20cm 处为震源发射器装置，6 个信号接收器之间的间距为 10cm，离震源最近的接收器与震源之间的距离为 85cm，仪器总长为 180cm。测井设备顶部吃水深度为 53cm。仪器检测点采用 GPS 定位方式，使误差不超过 2cm，每个检测点都有准确的坐标。

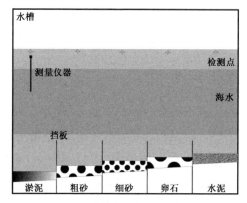

（a）水槽实验剖面示意图

（b）水槽实验平面俯视图

图 2-1　水槽实验示意图

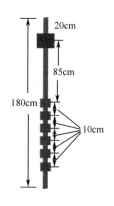

图 2-2　超声测井设备示意图

2.2.2　实验数据采集

本次实验共测量 76 组数据（见表 2-1）。按照发射器与接收器的相对位置将检测点分为 2 组，第 1 组发射器正向垂直放置，即发射器在上、接收器在下；第 2 组发射器在下、接收器在上；本次分析主要利用第 1 组数据（见表 2-2）。每道采样点数为 1024，道采样间隔为 0.008ms。

表 2-1　测点文件详细信息

检测点	X 坐标	Y 坐标	水深/m	底质厚度/m	底质类型	水深与沉积物比
1	3985504.669	510496.582	3.34	0	水泥	0
2	3985504.669	510496.581	3.34	0	水泥	0
3	3985504.573	510496.099	3.41	0	水泥	0
4	3985504.443	510495.468	3.5	0	水泥	0
5	3985504.317	510494.838	3.59	0	水泥	0
6	3985504.156	510494.032	3.7	0	水泥	0
7	3985503.74	510491.938	3.89	0.08	卵石	48.625
8	3985503.644	510491.452	3.96	0.15	卵石	26.4
9	3985503.535	510490.917	4.03	0.22	卵石	18.31818
10	3985503.38	510490.129	4.14	0.25	卵石	16.56
11	3985503.16	510488.985	4.3	0.35	卵石	12.28571
12	3985502.774	510487.015	4.58	0.08	细砂	57.25
13	3985502.646	510486.413	4.67	0.16	细砂	29.1875
14	3985502.53	510485.811	4.75	0.24	细砂	19.79167
15	3985502.401	510485.171	4.83	0.32	细砂	15.09375
16	3985502.195	510484.125	4.98	0.4	细砂	12.45
17	3985501.82	510482.231	5.19	0.06	粗砂	86.5
18	3985501.683	510481.485	5.3	0.14	粗砂	37.85714
19	3985501.535	510480.786	5.39	0.22	粗砂	24.5

检测点	X坐标	Y坐标	水深/m	底质厚度/m	底质类型	水深与沉积物比
20	3985501.368	510479.933	5.5	0.3	粗砂	18.33333
21	3985501.141	510478.781	5.65	0.42	粗砂	13.45238
22	3985500.854	510477.321	5.67	0		0
23	3985500.857	510477.323	5.67	0.06	淤泥	94.5
24	3985500.72	510476.657	5.72	0.15	淤泥	38.13333
25	3985500.528	510475.672	5.79	0.23	淤泥	25.17391
26	3985500.365	510474.842	5.86	0.32	淤泥	18.3125
27	3985500.181	510473.893	5.8	0.41	淤泥	14.14634
28	3985506.721	510488.958	4.18	0.3	卵石	13.93333
29	3985505.899	510488.635	4.25	0.32	卵石	13.28125
30	3985504.788	510488.863	4.26	0.32	卵石	13.3125
31	3985503.664	510489.111	4.27	0.32	卵石	13.34375
32	3985502.68	510489.297	4.28	0.32	卵石	13.375
33	3985501.809	510489.469	4.29	0.32	卵石	13.40625
34	3985502.756	510494.257	3.76	0	水泥	0
35	3985503.422	510494.081	3.74	0	水泥	0
36	3985504.2	510493.936	3.71	0	水泥	0
37	3985504.951	510493.792	3.68	0	水泥	0
38	3985505.955	510493.596	3.64	0	水泥	0
39	3985506.677	510493.445	3.61	0	水泥	0
40	3985507.343	510493.306	3.59	0	水泥	0
41	3985508.012	510493.176	3.56	0	水泥	0
42	3985505.207	510495.358	3.46	0	水泥	0
43	3985505.083	510494.742	3.55	0	水泥	0
44	3985504.988	510494.262	3.62	0	水泥	0
45	3985504.862	510493.639	3.7	0	水泥	0
46	3985504.724	510492.949	3.8	0	水泥	0
47	3985504.373	510491.176	3.97	0.13	卵石	30.53846
48	3985504.252	510490.562	4.05	0.2	卵石	20.25
49	3985504.109	510489.837	4.15	0.27	卵石	15.37037

续表

检测点	X坐标	Y坐标	水深/m	底质厚度/m	底质类型	水深与沉积物比
50	3985503.977	510489.18	4.24	0.35	卵石	12.11429
51	3985503.829	510488.403	4.35	0.42	卵石	10.35714
52	**3985503.448**	**510486.474**	**4.62**	**0.1**	**细砂**	**46.2**
53	3985503.296	510485.722	4.73	0.17	细砂	27.82353
54	3985503.106	510484.776	4.85	0.25	细砂	19.4
55	3985502.948	510483.962	4.97	0.33	细砂	15.06061
56	3985502.802	510483.182	5.07	0.42	细砂	12.07143
57	3985502.489	510481.612	5.26	**0.1**	粗砂	52.6
58	3985502.351	**510480.89**	5.36	0.18	粗砂	29.77778
59	3985502.117	510479.711	5.55	**0.3**	粗砂	18.33333
60	3985501.778	510477.988	5.65	0.46	粗砂	12.28261
61	3985501.745	510477.84	5.66	0.48	粗砂	11.79167
62	3985501.545	510476.797	5.72	0.07	淤泥	81.71429
63	3985501.369	510475.925	5.74	0.15	淤泥	38.26667
64	3985501.163	510474.908	5.82	0.23	淤泥	25.30435
65	3985501.02	510474.209	5.55	0.32	淤泥	17.34375
66	3985500.84	510473.287	5.95	0.42	淤泥	14.16667
67	3985502.809	510490.049	4.17	0.27	卵石	15.44444
68	3985504.124	510489.772	4.16	0.28	卵石	14.85714
69	3985504.986	510489.606	4.16	0.27	卵石	15.40741
70	3985506.202	510489.344	4.15	0.28	卵石	14.82143
71	3985507.144	510489.159	4.14	0.28	卵石	14.78571
72	3985507.954	510493.228	3.56	**0**	水泥	**0**
73	3985507.297	510493.346	3.59	**0**	水泥	**0**
74	3985506.317	510493.564	3.62	**0**	水泥	**0**
75	3985505.385	510493.766	3.65	**0**	水泥	**0**
76	3985504.207	510494.02	3.7	**0**	水泥	**0**

注：黑体加粗所示文件为本次实验分析采用的文件，无底质类型文件为空文件。

表 2-2 数据详细编号与说明

文件号	基底类型	密度/（g·cm⁻³）	孔隙度/%	道数/道
1～5	细砂	1.957	60.3	6
6～10	粗砂	2.034	51.9	6
11～15	淤泥	1.469	75.2	6
16～20	卵石	2.430	34.2	6
21～25	水泥	2.667	10.2	6

2.3　实验数据

2.3.1　实验数据预处理

1. 原始记录数据

本实验进行了 76 次检测（见表 2-1），表 2-3 为记录数据格式示意，该数据以文本文件格式保存，数据第 1 列表示采样时间，采样扫描时间为 8.184ms，采样间隔为 8μs，每道采样点为 1024 个；从第 2 列开始到第 7 列结束，每列数据依次记录了 6 个检波器记录的震电压力值。表 2-4 为本次分析采用数据的详细参数。

表 2-3　记录数据源格式示意

采样时间/μs	采样点 1	采样点 2	采样点 3	采样点 4	采样点 5	采样点 6
0	−239.48815	−239.48815	−239.48815	−239.48815	−239.48815	−239.48815
8	−701.40551	−701.4276	−701.36131	−701.38341	−701.33922	−701.29502
16	−723.83404	−723.83404	−723.83404	−723.83404	−723.83404	−723.83404
24	−345.00171	−345.00171	−345.00171	−345.00171	−345.00171	−345.00171

续表

采样时间/μs	采样点1	采样点2	采样点3	采样点4	采样点5	采样点6
32	−724.07711	−724.07711	−724.07711	−724.07711	−724.07711	−724.07711
40	−724.07711	−724.07711	−724.07711	−724.07711	−724.07711	−724.07711
48	−701.4497	−701.4497	−701.4497	−724.07711	−701.4497	−701.4497
56	−364.86698	−364.86698	−364.86698	−364.86698	−364.86698	−364.86698
64	−724.07711	−724.07711	−724.07711	−724.07711	−724.07711	−724.07711
72	−724.07711	−724.07711	−724.07711	−724.07711	−724.07711	−724.07711
80	−724.07711	−724.07711	−724.07711	−724.07711	−724.07711	−724.07711
88	−724.07711	−724.07711	−724.07711	−724.07711	−724.07711	−724.07711
96	−724.07711	−724.07711	−724.07711	−724.07711	−724.07711	−724.07711
104	−364.86698	−364.86698	−364.86698	−364.86698	−364.86698	−364.86698
112	−724.07711	−724.07711	−724.07711	−724.07711	−724.07711	−724.07711
120	−724.05502	−724.03292	−724.01082	−723.98872	−723.94453	−723.92243

表2-4　分析采用数据的详细参数

文件号	X坐标	Y坐标	水深/m	整理编号	底质厚度/m	底质类型
52	3985503.448	510486.474	4.62	38	0.1	细砂
53	3985503.296	510485.722	4.73	39	0.17	细砂
54	3985503.106	510484.776	4.85	40	0.25	细砂
55	39855502.948	510483.962	4.97	41	0.33	细砂
56	3985502.802	510483.182	5.07	42	0.42	细砂
57	3985502.489	510481.612	5.26	43	0.1	粗砂
58	3985502.351	510480.89	5.36	44	0.18	粗砂
59	3985502.117	510479.711	5.55	45	0.3	粗砂
60	3985501.778	510477.988	5.65	46	0.46	粗砂
61	3985501.745	510477.84	5.66	47	0.48	粗砂
62	3985501.545	510476.797	5.72	48	0.07	淤泥
63	3985501.369	510475.925	5.74	49	0.15	淤泥
64	3985501.163	510474.908	5.82	50	0.23	淤泥

续表

文件号	X 坐标	Y 坐标	水深/m	整理编号	底质厚度/m	底质类型
65	3985501.02	510474.209	5.55	51	0.32	淤泥
66	3985500.84	510473.287	5.95	52	0.42	淤泥
67	3985502.809	510490.049	4.17	53（1）	0.27	卵石
68	3985504.124	510489.772	4.16	53（2）	0.28	卵石
69	3985504.986	510489.606	4.16	53（3）	0.27	卵石
70	3985506.202	510489.344	4.15	53（4）	0.28	卵石
71	3985507.144	510489.159	4.14	53（3）	0.28	卵石
72	3985507.954	510493.228	3.56	54（1）	0	水泥
73	3985507.297	510493.346	3.59	54（2）	0	水泥
74	3985506.317	510493.564	3.62	54（3）	0	水泥
75	3985505.385	510493.766	3.65	54（4）	0	水泥
76	3985504.297	510494.02	3.7	54（5）	0	水泥

2. 数据转换

原始的记录数据无法被用来进行地震数据的处理和分析，需要用编程方式将其转换为标准 segy 格式数据。我们分组将数据全部转换为 segy 格式，数据转换后的 segy 参数如图 2-3 所示。图 2-4 显示了转换后的 segy 数据波形信息。

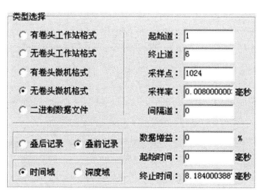

图 2-3　数据转换后的 segy 参数

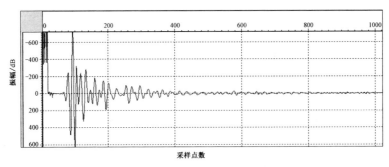

（a）淤泥单道显示示意图

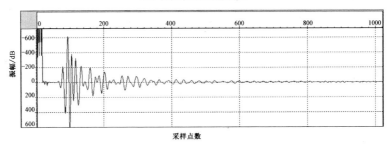

（b）细砂单道显示示意图

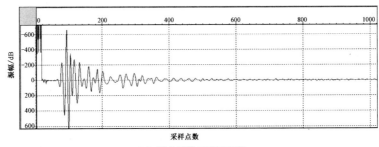

（c）粗砂单道显示示意图

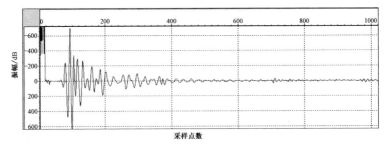

（d）卵石单道显示示意图

图 2-4　转换后的 segy 数据波形信息

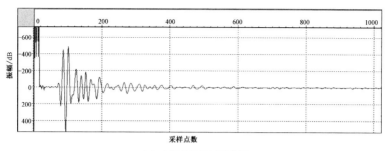

（e）水泥单道显示示意图

图 2-4　转换后的 segy 数据波形信息（续）

在图 2-4 中，每个单道显示示意图显示的均为第 1 道数据波形；每个类型的底质涉及 5 个实验文件，每个实验文件都包含 6 道地震数据。每个含有 6 道地震数据的文件，因为检波器的位置等间距加深，所以声波波形从第 1 道到第 6 道，直达波旅行时（亦称双程走时）等距离变大。图 2-5 中分别对每个底质类型文件的 6 道数据进行了分道显示。

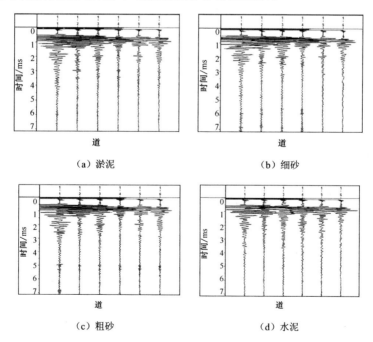

（a）淤泥　　　　　　　　　　　　　　（b）细砂

（c）粗砂　　　　　　　　　　　　　　（d）水泥

图 2-5　原始数据分类显示（抽样）

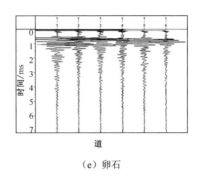

（e）卵石

图 2-5　原始数据分类显示（抽样）（续）

　　本次实验对 5 个不同类别的底质分别测量 5 次，即每个类型的底质具有 5 个文件，每个文件有 6 道数据，为了更好地用于研究，我们将代表每个底质的文件进行合并，则每个底质的测试数据共有 30 道。图 2-6 显示了不同底质类型可用于研究的经 segy 转换的合成数据，这些数据可用于下一步的数据处理和分析研究。

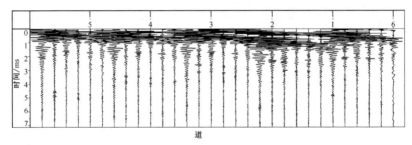

（a）淤泥底质波形显示（5 个物理测试点，共 30 道数据）

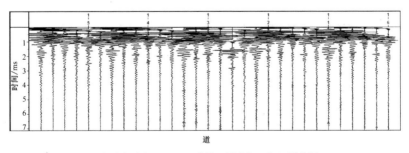

（b）细砂底质波形显示（5 个物理测试点，共 30 道数据）

图 2-6　5 类底质的 30 道数据

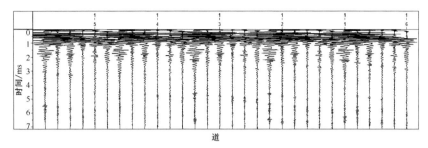

（c）粗砂底质波形显示（5 个物理测试点，共 30 道数据）

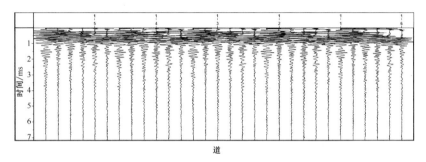

（d）卵石底质波形显示（5 个物理测试点，共 30 道数据）

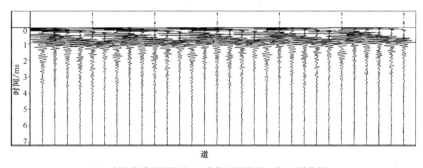

（e）水泥底质波形显示（5 个物理测试点，共 30 道数据）

图 2-6 5 类底质的 30 道数据（续）

注：数据文件按照测试顺序排列，每道数据进行目标层位的反射旅行时计算，在下面的工作中，我们将把数据目标层拉平到一个层位，进行最优化处理。

2.3.2　实验数据处理

1. 数据分析处理

首先，我们对这 5 类数据进行频谱分析，图 2-7 显示了 5 种底质类型的频谱分析。

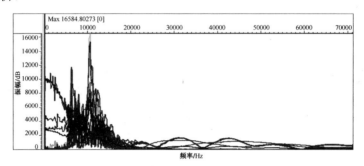

（a）淤泥底质的频谱分析

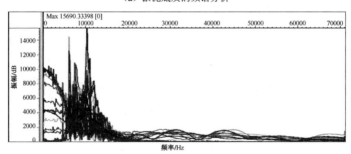

（b）细砂底质的频谱分析

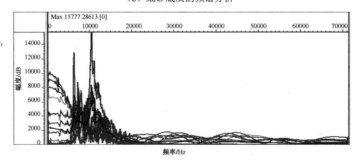

（c）粗砂底质频谱分析

图 2-7　5 种底质类型的频谱分析

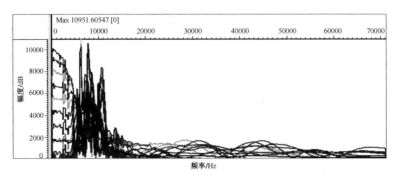

（d）卵石底质频谱分析

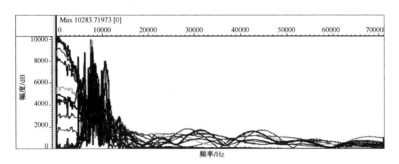

（e）水泥底质频谱分析

图 2-7　5 种底质类型的频谱分析（续）

　　在主频为 10kHz 的部分，能量均较为集中，但频带较宽。其中，低频（小于 4kHz）区域存在大量干扰，频谱显示，出现了类似多次波的多次微小波陷现象。采用 10kHz 的高频时，根据海洋声学原理，频率为 10～500kHz 的声波，海水吸收系数为 1～100dB/km，这是由海水介质中硫酸镁的弛豫震荡而产生的吸收；频率为 0.2～10kHz 的声波，海水吸收系数为 0.01～1dB/km，这是由不均匀海水介质的散射而引起的损失。由于弛豫震荡和散射的作用，在低频区域出现的多次波干扰和在高频区域出现的快速衰减可以很好地解释数据的频谱特征。因为实验水深有限，所以波场的衰减只需要进行简单的几何扩散和反 Q 滤波即可恢复，而最主要的任务是压制噪声干扰。

　　根据数据的频谱在低频区域的一致性，我们分析了仪器通电瞬间产生的震荡效应，图 2-8 中箭头所指的矩形区域的波形在旅行时上相似，对比显示仪器启动瞬间（约 0.2ms）出现仪器的噪声（见图 2-9），仪器的噪声主要集中在 5kHz 以下。各数据文件在没有被转化为 segy 格式前，可以看到各道前 0.2ms 数据记录全部相同，即使放大显示波形也是相同的，可以肯定是通电导致仪器产生的记录。

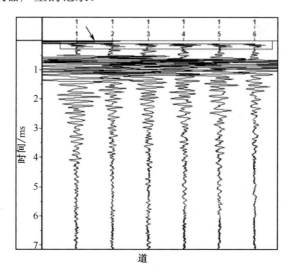

图 2-8　方框处为仪器噪声部分

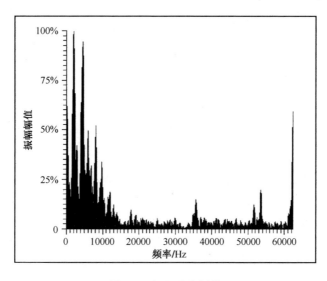

图 2-9　仪器噪声频谱

通过带通滤波对数据进行滤波，数据频带变窄，能量集中于 10kHz 主频范围内。图 2-10 中依旧存在多次波导致的带陷现象，通过旅行时分析，多次波主要来自水面的一次反射（虚反射），并且反射多次波能量较弱，与直达波之间无干涉。这也为用直达波在不同深度水中进行衰减分析奠定了基础。根据声波信号的传播路径（见图 2-11），我们对信号进行分类划分，如图 2-12 所示。

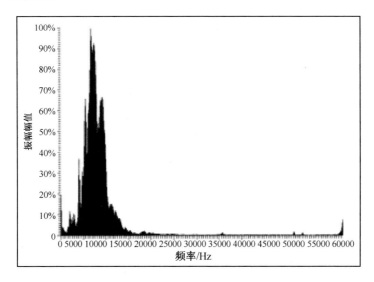

图 2-10　仪器噪声去除后的频谱

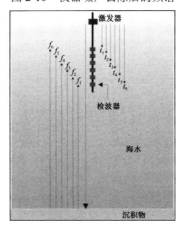

图 2-11　直达波旅行时计算示意图

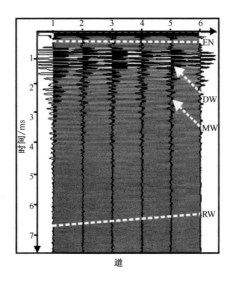

图 2-12　波场分类划分示意图

由于接收声波信号存在仪器噪声（EN）、直达波（DW）和多次波干扰（MW），直达波信号能量强，有效波相对能量较弱，需要对声波数据进行去噪处理，突出有效波（RW）的信号。我们分别采用几何扩散补偿、静校正和噪声压制方法对数据进行保真处理。图 2-13（a）为原始信号的频谱特征，包括随机噪声和仪器噪声［见图 2-13（b）］、直达波噪声［见图 2-13（c）］和多次波噪声［见图 2-13（d）］，我们通过对应的滤波处理去除随机噪声和仪器噪声；通过切除方法去除直达波噪声；通过拉东变换去除多次波干扰。图 2-13（e）为处理后信号的频谱显示。

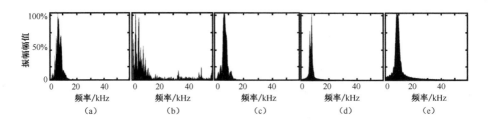

图 2-13　数据分析和处理

2. 声波在水中衰减获取

为了获得声波（10kHz）在水中衰减的数理特征，补充声学领域研究成果的不足，我们采用获取 25 个文件各检波器直达波振幅数据，再根据检波器的深度变化，计算声波（10kHz）在水中的衰减特征。由于研究的目标是声波在水中的衰减，所以在去除仪器噪声的基础上，若多次波未与直达波发生干涉，就应该直接采用最原始的数据对声波在水中的衰减进行研究。此外，声波直达波在水中的衰减和底质无任何关系，所以统计并不需要分类，而是借助大量数据求取最佳拟合。如图 2-12 所示，直达波到达各检波器的旅行时分别为 t_1、t_2、t_3、t_4、t_5、t_6。对于任意一次检测，如果检测仪器中声波发生器到达各检波器的距离固定、波速固定，那么旅行时对于每次检测来讲，均是相同的。

取超声波速度为 1500m/s，超声波直达波到达第 1～6 个检波器的时间分别为 0.56ms、0.63ms、0.7ms、0.76ms、0.83ms、0.9ms，详细数据如表 2-5 所示。

表 2-5　10kHz 各测点检波器直达波振幅　　　　　　单位：dB

文件号	检波器 1	检波器 2	检波器 3	检波器 4	检波器 5	检波器 6
1	310.5	176.1	123.1	79.6	30.1	14.6
2	350	152.7	109.7	68.5	30.1	21.2
3	373.8	173.6	123.7	90.5	33.2	22.2
4	333.5	220.3	162.7	81.1	27.6	23.5
5	387.3	236.6	136.2	73.5	45.3	20.1
6	382.4	217.7	176.5	72.6	38.5	23.6
7	356.6	190.8	164.3	65.4	33.4	16.7
8	367.2	210.2	162.6	83.2	34.6	19.5
9	335.5	187.6	160.5	79.5	32.1	21.2
10	348.7	190.3	161.3	81	35.3	22.5
11	371.1	210.5	166.7	87.5	36.5	21.3

文件号	检波器 1	检波器 2	检波器 3	检波器 4	检波器 5	检波器 6
12	320.5	183.5	156	66.4	30.8	22.3
13	367.8	259.7	175.1	61.7	35.5	21.4
14	370.2	220.7	159.3	87.6	52.1	19.4
15	368.9	189.7	168.5	85.6	49.5	18.5
16	377.3	190.6	169.3	89.3	50.3	21.6
17	371.6	209.8	171	88.5	51	18.7
18	378.9	199.8	168.9	89.3	49.8	23.4
19	381.1	210.8	170.6	87.6	51.2	19.4
20	365.7	199.5	155.7	78.5	49.7	17.8
21	370.8	187.3	167.8	86.7	52	20.4
22	378.7	193.5	172.7	87.6	51.4	20.1
23	389.1	210.4	169.9	98.8	47.6	18.9
24	387.8	179.6	146.5	92.5	49.3	15.7
25	386.9	181.3	153.1	89.5	50.2	23.1

同样，对于 20kHz 的超声波数据，我们对直达波到达各检波器的能量进行统计，如表 2-6 所示。

表 2-6　20kHz 各测点检波器直达波振幅　　　　单位：dB

文件号	检波器 1	检波器 2	检波器 3	检波器 4	检波器 5	检波器 6
1	151.4	85.3	60.5	38.1	13.6	6.8
2	170.7	70.8	50.9	30.5	14.2	9.8
3	185.9	85.2	55.9	40.2	15.1	10.5
4	162.5	100.45	80.15	38.45	11.18	10.5
5	191.5	110.5	65.12	33.51	20.15	9.1
6	190.12	105.8	86.15	34.31	17.52	10.6
7	175.13	92.41	80.2	30.4	15.5	7.4
8	180.61	102.3	80.2	39.6	14.37	8.56

续表

文件号	检波器 1	检波器 2	检波器 3	检波器 4	检波器 5	检波器 6
9	165.75	90.43	78.15	38.45	14.35	9.62
10	172.38	92.52	78.45	38.52	15.43	9.15
11	182.35	103.25	82.05	40.35	16.35	9.52
12	160.75	90.43	76.3	29.21	14.12	10.05
13	182.91	126.21	85.43	29.72	16.55	9.71
14	184.2	97.45	77.35	41.82	24.01	8.72
15	185.67	92.75	80	39.1	20.55	8.05
16	189.85	95.3	84.65	44.65	25.15	10.8
17	188.45	102.2	83.43	42.12	23.2	9.15
18	190.1	95.68	82.62	42.53	22.65	9.65
19	194.8	103.6	83.4	40.81	22.34	8.7
20	186.34	97.56	75.43	37.31	22.15	8.6
21	198.08	92.05	80.92	40.15	24.5	8.8
22	189.57	93.45	83.12	40.85	23.54	9.1
23	195.66	105.2	84.95	49.4	23.8	9.45
24	195.80	87.12	71.05	44.34	21.43	7.05
25	194.65	88.45	75.35	42.5	24.2	9.35

2.4 实验数据结果分析

2.4.1 声波在海水中的衰减分析

声波在海水中的传播损失是由波阵面的扩展、介质吸收和散射及界面反射等原因引起的，使声强随着传播距离的增加而逐渐减弱。声波在传播过程中，声强逐渐减弱称为传播损失。声强减弱的程度通常用式（2-1）度量，即

$$TL = 10 \cdot \lg \frac{I_1}{I_2} \qquad (2-1)$$

式中，I_1 为距声源 1m 处的声强；I_2 为与声源距离为 R 处的声强。

在均匀无限的介质中，声波的传播损失包括两个部分：一是几何扩散损失；二是吸收损失。几何扩散损失是波阵面随距离扩展而产生的声强几何衰减，假设一个点声源在吸收损耗为零的无耗介质中传播时，声波的波阵面是一个球面，则有

$$S = 4\pi R_2^2 \cdot I_2 \qquad (2-2)$$

几何扩散损失为

$$TL = 10 \cdot \lg \frac{I_1}{I_2} = 10 \cdot \lg \frac{R_2^2}{R_1^2} \tag{2-3}$$

当 $R_1 = 1\mathrm{m}$ 时，则

$$TL = 10 \cdot \lg R_2^2 \tag{2-4}$$

式（2-4）说明声强按距离的平方衰减。几何扩散损失和声波的传播形式有关，其一般表达式为

$$TL = n \cdot (10 \cdot \lg R) \tag{2-5}$$

式中，当 $n=1$ 时为柱面波传播形式，当 $n=2$ 时为球面波传播形式，当 $n=3$ 时为一种假设的传播形式。一般认为这种传播形式，包括声波的球面扩展和声脉冲在时间上的扩展，会引起声强随距离 R 的 3 次方衰减。

当考虑几何扩散损失和海水介质的吸收损失时，距声源距离为 R 处的声强为

$$I_2 = \frac{I_1}{R^n} 10^{-\beta R} \tag{2-6}$$

式中，β 为吸收系数，单位为 dB/m。以对数表示的传播损失为

$$TL = 10 \cdot \lg \frac{I_1}{I_2} = n \cdot (10 \cdot \lg R) + \beta R \tag{2-7}$$

式中，第一项为几何扩散损失，第二项为吸收损失。前者与声波的频率无关，后者与声波的频率有关。

（1）频率在 500kHz 以上的声波，其吸收系数 β_1 的数值在 100dB/km 以上，这是由海水介质的黏滞效应引起的吸收损失。

（2）频率为 10～500kHz 的声波，其吸收系数 β_2 的数值为 1～100dB/km，这是由海水介质中硫酸镁的弛豫震荡引起的吸收损失。

（3）频率为 0.2～10kHz 的声波，其吸收系数 β_3 的数值为 0.01～1dB/km，这是由不均匀海水介质的散射引起的吸收损失。

（4）频率为 16～200Hz 的声波，其吸收系数 β_4 的数值为 0.001～0.01dB/km，这可能是由海洋界面引起的吸收损失。

上述 4 种情况的吸收系数经验公式分别为

$$\beta_1 = 2.68 \times 10^{-2} \times \frac{Df^2}{f_T} \tag{2-8}$$

$$\beta_2 = 1.86 \times 10^{-2} \times \frac{sDf_T \cdot f^2}{f_T^2 + f^2} \tag{2-9}$$

$$\beta_3 = \frac{0.1f^2}{1 + f^2} \tag{2-10}$$

$$\beta_4 = 0.33f^2 \tag{2-11}$$

式中，D 为水深 z 的函数，水深单位为 m，$D = 1 - 6.33 \times 10^{-5} \times z$；$f_T$ 为温度 T 的函数，温度单位为℃，$f_T = 2.19 \times 10^{T - \frac{1520}{(T+273)}}$；$s$ 为海水的含盐量，单位为‰。

首先，根据本次实验的声波频率，计算 β_3 表示的声波能量衰减值。取 0.1m 为一个距离单位上的衰减：$\beta = abs[10 \times \log10(0.1)] + 0.001 = 10Db$。超声波在水中的衰减可以通过声学中理论公式进行预测。其次，通过垂直检波器获取的直达波振幅数据（见表 2-5）可以看到，声波在水中的能量衰减显著。对统计数据进行分类拟合，可得出本次实验中 10kHz 声波在水中的衰减曲线特征。图 2-14（a）中，圆形散点为实际测量的数据，实际衰减曲线为最小平方拟合后的数据，拟合公式在图中曲线下方。理论预测衰减曲线为根据声波在水中的衰减公式计算预测的散点和拟合曲线。同理，对 20kHz 直达波的振幅数据进行相同的分析（见表 2-6），图 2-14（b）显示了 20kHz 主频声波在水中的实际衰减曲线与理论预测衰减曲线的对比。我们发现实际水槽中的声波衰减并不是按照声学领域的公式进行衰减的，衰减和温度、盐度和压力导致的速度变化有关，是一个非线性变化的过程。在实际地震勘探中，海水中的衰减效应需要在地球物理勘探领域重新进行认识和分析，从而提供信号能量的补偿。

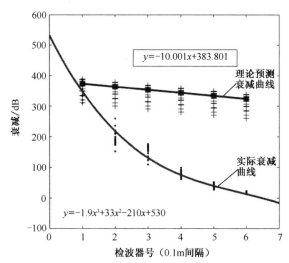

（a）10kHz 主频声波在水中的实际衰减曲线与理论预测衰减曲线的对比

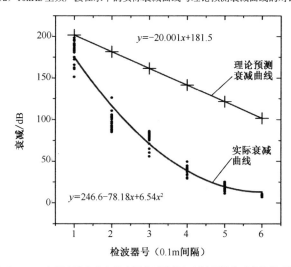

（b）20kHz 主频声波在水中的实际衰减曲线与理论预测衰减曲线的对比

图 2-14　10kHz 和 20kHz 主频声波在水中的实际衰减曲线与理论预测衰减曲线的对比

通过归一化 10kHz 和 20kHz 主频声波在水中的衰减，在图 2-15 中我们发现，在实际海水中 10kHz 和 20kHz 的声波衰减（地震勘探数据量级）比例达不到传统声学领域定义的 2 倍数值，而是接近相同。所以在海洋地震勘探中，声波衰减部分需要重新进行系统的实验和定义新的公式。

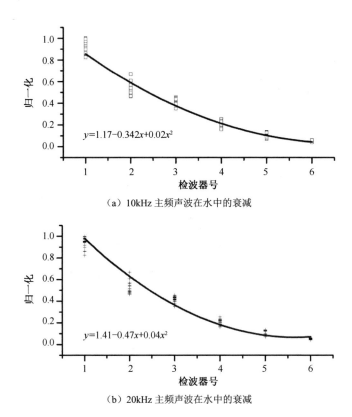

（a）10kHz 主频声波在水中的衰减

（b）20kHz 主频声波在水中的衰减

图 2-15　10kHz 和 20kHz 主频声波在水中的衰减曲线对比

2.4.2　声波在沉积物中的衰减分析

高频声波在实验水槽底质中的衰减，需要获取每种底质的地震波数据。而每种地震波数据又存在 6 个不同深度的检波器，由于检波器、水深和底质厚度的影响，同一个炮号文件接收的相同底质的衰减会有所变化。为了获取衰减的变化趋势，我们统一将相同底质的文件标准化到第一个文件，将衰减量统一乘以标准化系数，从而获取准确的衰减趋势。我们对数据进行分析，以获取衰减趋势关系。

图 2-16 中分别分析了 4 种底质地震波的统计衰减规律（10kHz）。通过线性拟合发现，卵石中的地震波衰减最小，其衰减系数为 1.92，由于海水中水浸的作用，实际衰减比在实验室利用岩心分析的稍大。淤泥在实验室和陆地地震资料中的衰减一般大于细砂，由于海水中的淤泥呈现部分流体状态，水中的地震波衰减小于淤泥中的，所以海水中淤泥中的地震波衰减量将减小，略低于细砂中地震波的衰减系数。

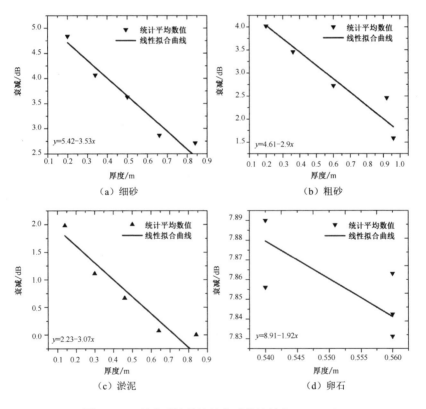

图 2-16　4 种底质地震波的衰减统计拟合（10kHz）

图 2-17 中分别分析了 4 种底质地震波的统计衰减规律（20kHz）。淤泥在实验室和陆地地震资料中的衰减一般大于细砂，由于海水中的淤泥呈现部分流体状态，水中的地震波衰减小于淤泥中的，所以海水中淤泥中的地震波衰减量将减小，略低于细砂中地震波的衰减系数。

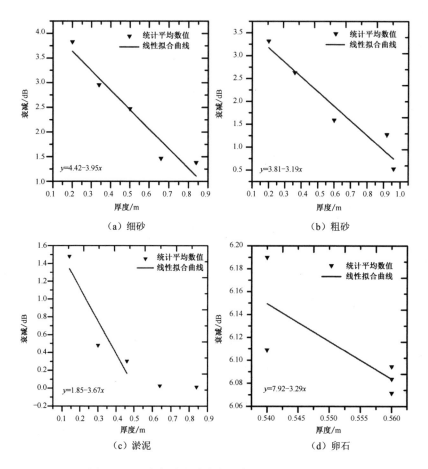

图 2-17　4 种底质地震波衰减统计拟合（20kHz）

图 2-18 显示了 4 种底质地震波衰减在 10kHz 和 20kHz 时的差异统计。研究发现，20kHz 地震波的衰减量大于 10kHz 的，随着厚度的增加，细砂、粗砂和卵石都表现出衰减量差增大的趋势，也就是在 20kHz 主频情况下，

衰减量不断增大。而淤泥却显示出相反的现象，这与底质淤泥厚度有限，处于过饱和流体状态有关。

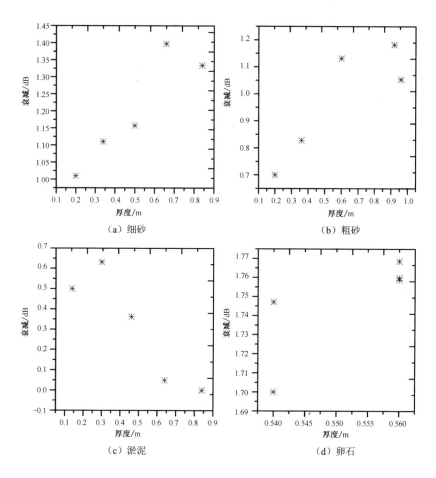

（a）细砂　　　　　　　　　　　（b）粗砂

（c）淤泥　　　　　　　　　　　（d）卵石

图 2-18　4 种底质地震波衰减在 10kHz 和 20kHz 时的差异统计

2.5 实验数据总结

本次实验中，声波在水中出现了明显的衰减现象，通过获取直达波数据，我们统计分析并拟合了声波在水中的衰减公式，从实验数据和数学统计上显示了声波在水中的衰减特征。为后续的海水地震勘探震源能量补偿提供了参考。

在海底沉积物物性识别技术领域，无论借助超声波速度、振幅强度信息分析海底沉积物类型，还是通过最为流行的人工神经网络预测，以及反演物性参数，都需要大量的实验室基础数据关系测量与分析，只有在可控的实验环境下，掌握物性参数与超声波信号之间的重要联系，得到最为有效的声波信号属性，才能保证人工神经网络预测和反演的可靠性。

通过实际水槽模拟实验，在保证数据可靠性的基础上，进行数学分析计算和统计分析，我们筛选出了对海底沉积物物性更加敏感的属性类型。加权平均频率属性与甜点属性结合可以较好地划分出粗砂和淤泥底质；瞬时频率属性和加权平均频率属性结合可以明显地划分出水泥底质，这对利用海洋浅剖数据和多波束声呐数据划分碳酸盐岩和砂泥质海底浅层沉积很有意义。对于细砂和淤泥底质而言，利用声波探测的精度有限，这也与这两种底质的物性相似有关，但是我们可以通过密度、孔隙度与属性数值之间的对应关系，最大限度地预测和反演出海底沉积物物性信息。实验对沉积物物性进行了控制，很好地涵盖了海底沉积物的物性参数区间，所得的实际数值有一定的指导意义。通过实验数据分析的成果，我们可以指导实际数据的解释，减少实际解释中的多解性问题。利用实验分析的结果，我们可以利用海洋油气地震勘探数据对勘探区域海底浅层沉积物进行划分和物性描述，提高海底沉积物探测的精度和效率，最大化地节约勘探成本，也为海洋工程提供更加全面的海底沉积物资料，并降低安全风险。

通过对海洋水槽声波实验的数据处理和系统分析，引出了在海洋数据处理中应该引起重视的两个问题。

（1）海水中存在声波能量衰减现象，并且仅仅依靠海洋物理的声学知识很难解决相对大尺度的地震波衰减问题，尤其在海洋 OBC/OBS 地震勘探的实际应用领域，需要对海水中的地震波衰减和能量不均衡现象进行深入的分析，并提出有效的解决方法。

（2）海洋地震数据中存在大量噪声，包括鬼波和多次波，这些噪声在实际地震信号记录上会严重干扰有效波的成像和分析。针对 4C-OBC/OBS 地震数据，必须建立一套行之有效的多分量地震数据压制鬼波和微屈多次波的方法和工作流程。

第 3 章

海水对地震波传播的影响

3.1　引言

由于海水的分层现象、海水温度、盐度和压力导致的速度和密度变化，以及各种尺度运动变换均会导致地震波在海水中的传播发生路径上和能量上的变化。为了重新认识这一现象，本章着重建立不同深度海水分层变化模型，研究海水分层变化特征及其对地震波走时和振幅的影响，并在第 4 章讨论对这一问题的校正方法。

3.2　海水匀速下的地震波场正演模拟

3.2.1　模型建立

为了在不同深度海水物性变化情况下，较为全面地模拟地震多分量数据在走时、振幅上的变化特征，本章建立了 3 组不同的海水深度模型，即 200m、600m 和 1300m。这 3 组模型均采用非自由表面弹性波模拟方式，目的是防止多次波的干扰，其观测系统设置如表 3-1 所示。数据采样间隔为 4ms。

表 3-1　3 组模型的观测系统设置

观测系统	x/m	z/m	炮间距/m	道间距/m	观测方式
炮点	675	10	—	—	单炮
检波点	350～1000	海底	—	3	218 道

表 3-2～表 3-4 分别是海水深度为 200m、600m 和 1300m 时的水平层状模型参数。图 3-1～图 3-3 分别是海水深度为 200m、600m 和 1300m 时的水平层状模型示意图（模型分层、炮点和检波点位置等）。

表 3-2 海水深度为 200m 时的水平层状模型参数（模型一）

介质	顶层/m	厚度/m	纵波速度/ m·s⁻¹	横波速度/ m·s⁻¹	密度/ kg·cm⁻³	品质因子 Q
海水	0	200	1500	0.25	1025	—
海底砂岩	200	600	2200	1270	2086	—
泥岩沉积	800	1000	3500	2100	2400	—

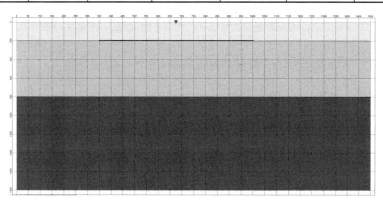

图 3-1 海水深度为 200m 时的水平层状模型示意图

表 3-3 海水深度为 600m 时的水平层状模型参数（模型二）

介质	顶层/m	厚度/m	纵波速度/ m·s⁻¹	横波速度/ m·s⁻¹	密度/ kg·cm⁻³	品质因子 Q
海水	0	600	1500	0.25	1025	—
海底砂岩	600	600	2200	1270	2086	—
泥岩沉积	1200	1000	3500	2100	2400	—

表 3-4 海水深度为 1300m 时的水平层状模型参数（模型三）

介质	顶层/m	厚度/m	纵波速度/ m·s⁻¹	横波速度/ m·s⁻¹	密度/ kg·cm⁻³	品质因子 Q
海水	0	1300	1500	0.25	1025	—
海底砂岩	1300	600	2200	1270	2086	—
泥岩沉积	1900	1000	3500	2100	2400	—

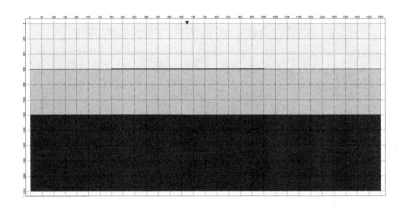

图 3-2　海水深度为 600m 时的水平层状模型示意图

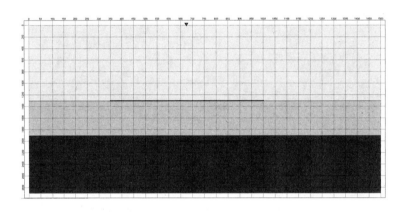

图 3-3　海水深度为 1300m 时的水平层状模型示意图

3.2.2　弹性波正演

基于有限差分的计算方法，可以非常容易地模拟复杂介质的地震波场数据，快速精确地计算在介质中传播的 P 波和 SV 波，本次模拟基于各向同性弹性波波动方程。各向同性弹性介质的性质由 3 个参数来描述：纵波传播速度 $v_p(x_1, x_3)$、横波传播速度 $v_s(x_1, x_3)$ 和密度 $\rho(x_1, x_3)$。利用 v_p、v_s、ρ 计算拉梅参数 $\lambda = \rho(v_p^2 - 2v_s^2)$ 和 $\mu = \rho v_s^2$，以及弹性常数 $a_{13} = \lambda$、$a_{55} = \mu$，后者为微分方程中使用的系数。在各向同性弹性模拟中，对位移速度矢量 $\boldsymbol{u}=(u_1,u_3)$ 按时间分量和应力张量 $\tau_{ij}(i,j=1,3)$ 进行求导，此时使用下列微分方程组：

$$\begin{cases} \dfrac{\partial \tau_{11}}{\partial t}=a_{11}\dfrac{\partial u_1}{\partial x_1}+a_{13}\dfrac{\partial u_3}{\partial x_3} \\[2mm] \dfrac{\partial \tau_{33}}{\partial t}=a_{13}\dfrac{\partial u_1}{\partial x_1}+a_{33}\dfrac{\partial u_3}{\partial x_3} \\[2mm] \dfrac{\partial \tau_{13}}{\partial t}=a_{55}\left(\dfrac{\partial u_1}{\partial x_3}+\dfrac{\partial u_3}{\partial x_1}\right) \\[2mm] \dfrac{\partial u_1}{\partial t}=\dfrac{1}{\rho}\left(\dfrac{\partial \tau_{11}}{\partial x_1}+\dfrac{\partial \tau_{13}}{\partial x_3}\right) \\[2mm] \dfrac{\partial u_3}{\partial t}=\dfrac{1}{\rho}\left(\dfrac{\partial \tau_{13}}{\partial x_1}+\dfrac{\partial \tau_{33}}{\partial x_3}\right) \end{cases}$$　　（3-1）

海水深度不同时，地震子波主频分别为 25Hz、35Hz 和 45Hz 的雷克子波，其水平层状模型模拟结果如图 3-4～图 3-6 所示。

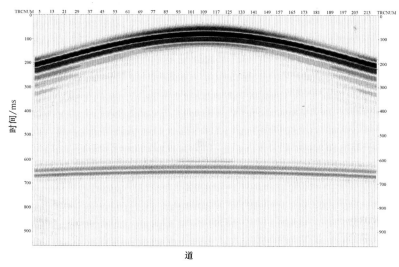

（a）地震子波主频为 25Hz 时的地震振幅

图 3-4　海水深度为 200m 时的水平层状模型模拟结果

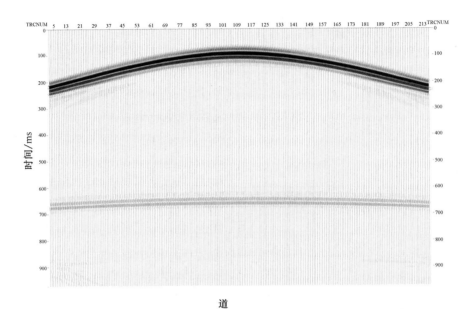

（b）地震子波主频为 35Hz 时的地震振幅

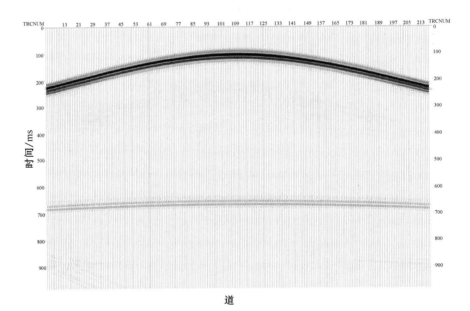

（c）地震子波主频为 45Hz 时的地震振幅

图 3-4　海水深度为 200m 时的水平层状模型模拟结果（续）

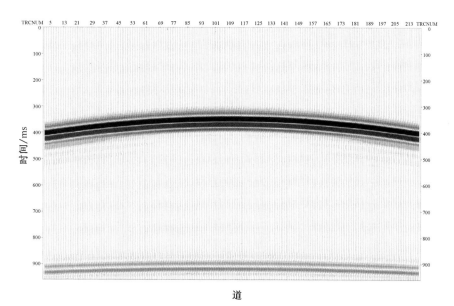

（a）地震子波主频为 25Hz 时的地震振幅

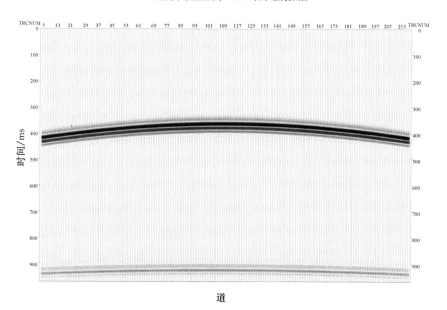

（b）地震子波主频为 35Hz 时的地震振幅

图 3-5 海水深度为 600m 时的水平层状模型模拟结果

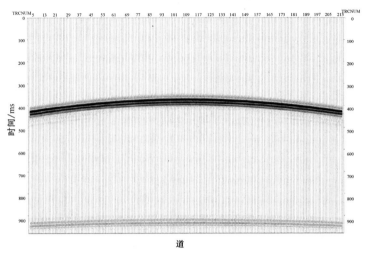

（c）地震子波主频为 45Hz 时的地震振幅

图 3-5　海水深度为 600m 时的水平层状模型模拟结果（续）

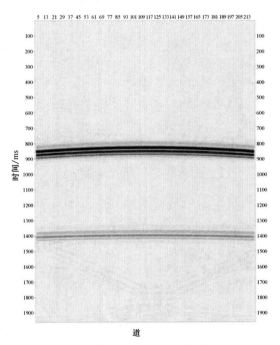

（a）地震子波主频为 25Hz 时的地震振幅

图 3-6　海水深度为 1300m 时的水平层状模型模拟结果

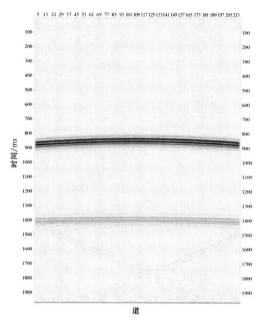

（b）地震子波主频为 35Hz 时的地震振幅

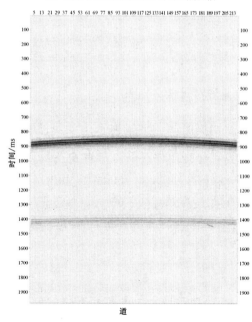

（c）地震子波主频为 45Hz 时的地震振幅

图 3-6　海水深度为 1300m 时的水平层状模型模拟结果（续）

3.3 海水匀速模拟数据分析

3.3.1 时间场与频谱

1. 海水匀速—地震波时间场

由于本次地震波初至时间主要为海水中的纵波初至，所以本节主要展示海水中的纵波初至在均匀海水和分层海水中的变化和差异。图 3-7～图 3-9 分别展示了海水深度为 200m、600m 和 1300m 时匀速海水的地震纵波初至时间场。

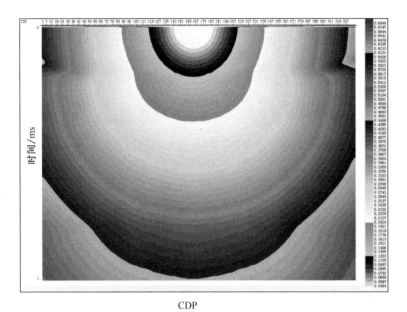

（a）地震子波主频为 25Hz 时的地震纵波初至时间场（全场）

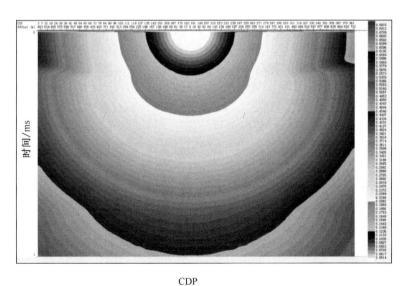

（b）地震子波主频为 35Hz 时的地震纵波初至时间场（全场）

图 3-7　海水深度为 200m 时匀速海水的地震纵波初至时间场

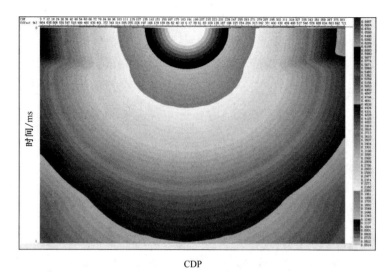

（c）地震子波主频为 45Hz 时的地震纵波初至时间场（全场）

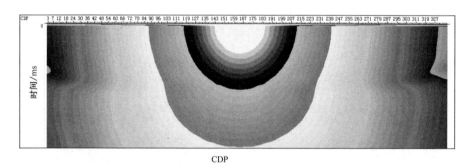

（d）地震子波主频为 25Hz 时的地震纵波初至时间场（海水部分）

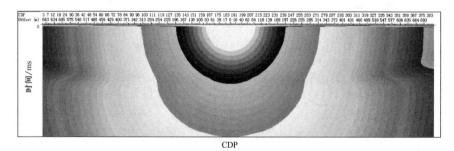

（e）地震子波主频为 35Hz 时的地震纵波初至时间场（海水部分）

图 3-7　海水深度为 200m 时匀速海水的地震纵波初至时间场（续）

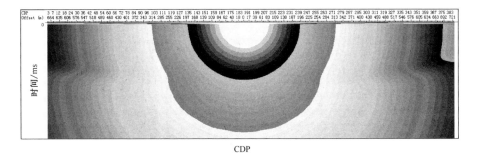

（f）地震子波主频为 45Hz 时的地震纵波初至时间场（海水部分）

图 3-7 海水深度为 200m 时匀速海水的地震纵波初至时间场（续）

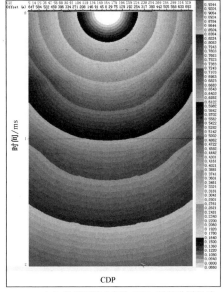

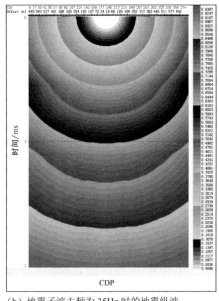

（a）地震子波主频为 25Hz 时的地震纵波初至时间场（全场）

（b）地震子波主频为 35Hz 时的地震纵波初至时间场（全场）

图 3-8 海水深度为 600m 时匀速海水的地震纵波初至时间场

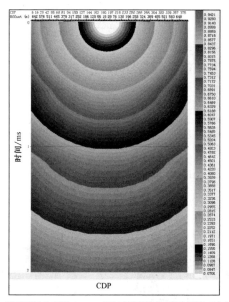

（c）地震子波主频为45Hz时的地震纵波初至时间场（全场）

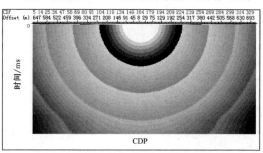

（d）地震子波主频为25Hz时的地震纵波初至时间场（海水部分）

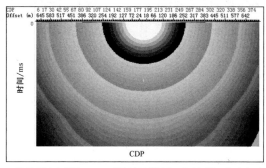

（e）地震子波主频为35Hz时的地震纵波初至时间场（海水部分）

图3-8　海水深度为600m时匀速海水的地震纵波初至时间场（续）

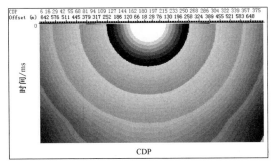

（f）地震子波主频为 45Hz 时的地震纵波初至时间场（海水部分）

图 3-8　海水深度为 600m 时匀速海水的地震纵波初至时间场（续）

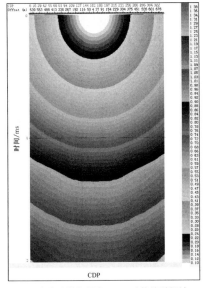

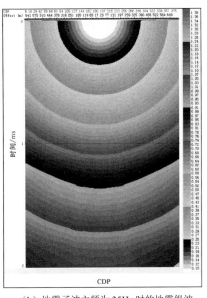

（a）地震子波主频为 25Hz 时的地震纵波　　　　（b）地震子波主频为 35Hz 时的地震纵波

　　　初至时间场（全场）　　　　　　　　　　　　初至时间场（全场）

图 3-9　海水深度为 1300m 时匀速海水的地震纵波初至时间场

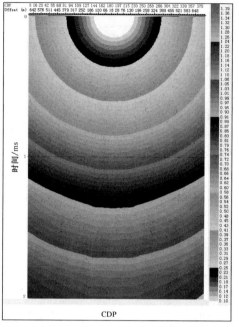

（c）地震子波主频为45Hz时的地震纵波初至时间场（全场）

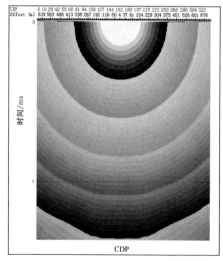

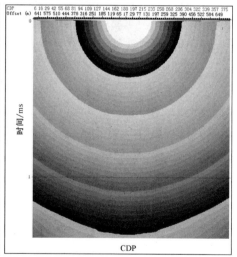

（d）地震子波主频为25Hz时的地震纵波
初至时间场（海水部分）

（e）地震子波主频为35Hz时的地震纵波
初至时间场（海水部分）

图3-9　海水深度为1300m时匀速海水的地震纵波初至时间场（续）

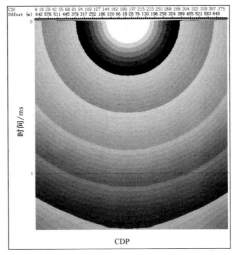

（f）地震子波主频为 45Hz 时的地震纵波初至时间场（海水部分）

图 3-9　海水深度为 1300m 时匀速海水的地震纵波初至时间场（续）

2. 海水匀速—地震波频谱分析

图 3-10～图 3-12 分别展示了不同海水深度时，地震子波主频为 25Hz、35Hz 和 45Hz 时的模拟地震数据频谱分析结果。

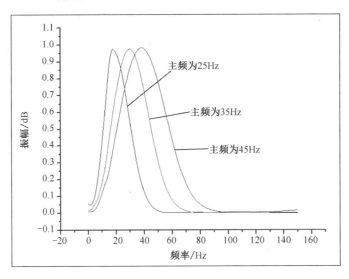

图 3-10　海水深度为 200m 时的模拟地震数据频谱分析

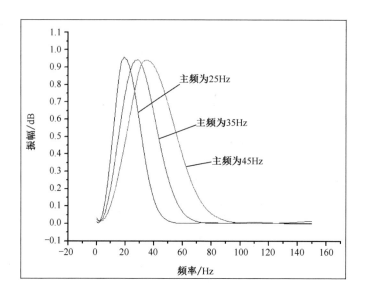

图 3-11　海水深度为 600m 时的模拟地震数据频谱分析

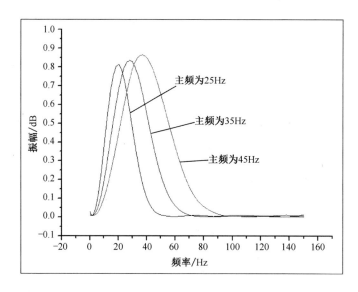

图 3-12　海水深度为 1300m 时的模拟地震数据频谱分析

3.3.2　振幅随偏移距的变化分析

为了在后期对振幅进行对比，图 3-13 对全部模拟地震数据的直达波进行了振幅的拾取工作。

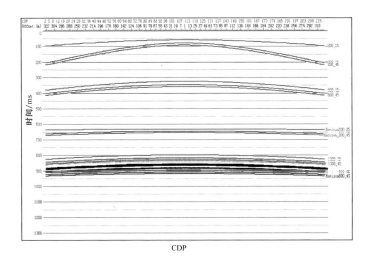

图 3-13　振幅标定示意图

3.4 实际海水速度下的地震波场正演模拟

本节分别利用墨西哥湾水域 200m、600m 和 1300m 水深处的实际海洋物性参数建立海水真实速度模型。

3.4.1 模型建立

不同深度海水速度、密度等模型参数如表 3-5～表 3-10 所示，对应的数据模型分别如图 3-14～图 3-22 所示。

表 3-5 墨西哥湾水域 200m 深海水模型参数（模型四）

介质	顶层/m	厚度/m	纵波速度/ m·s⁻¹	横波速度/ m·s⁻¹	密度/ kg·cm⁻³	品质因子 Q
海水	0	200	1500	0.25	1025	—
海底砂岩	200	600	2200	1270	2086	—
泥岩沉积	800	1000	3500	2100	2400	—

表 3-6　墨西哥湾水域海水速度补充模型（200m）

深度/m	温度/℃	盐度/‰	密度/kg·cm⁻³	速度/m·s⁻¹
0	29.2118	33.698	1021.0162	1542.59146
3.88781	29.2034	33.71	1021.04478	1542.65219
8.03652	29.1891	33.731	1021.08321	1542.71416
12.4784	29.2899	34.373	1021.55016	1543.67602
17.2497	29.431	35.2027	1022.14568	1544.92365
22.3896	29.3699	35.8026	1022.63867	1545.50947
27.9388	28.9981	35.9247	1022.87943	1544.94237
33.9354	27.4944	36.0566	1023.50083	1541.89943
40.4085	25.2981	36.192	1024.32607	1537.08777
47.3681	23.7322	36.2268	1024.85593	1533.4306
54.7933	22.6607	36.2736	1025.23671	1530.89962
62.6222	21.925	36.3284	1025.52219	1529.1858
70.7514	21.2005	36.3815	1025.80047	1527.46649
79.049	19.8812	36.3981	1026.20719	1524.03918
87.3794	19.0585	36.4	1026.46111	1521.87991
95.6275	18.2798	36.3662	1026.67073	1519.75449
103.714	17.652	36.3214	1026.82892	1518.01069
111.595	17.241	36.2852	1026.93684	1516.88762
119.259	16.9574	36.2622	1027.02184	1516.14428
126.716	16.6748	36.2264	1027.0952	1515.37927
133.99	16.3026	36.1701	1027.17247	1514.30853
141.116	15.853	36.0966	1027.2526	1512.96568
148.133	15.3688	36.0124	1027.33006	1511.48371
155.088	14.9449	35.9442	1027.40399	1510.18998
162.036	14.6213	35.8919	1027.46645	1509.21915
169.042	14.4882	35.8638	1027.50529	1508.87874
176.188	14.2225	35.8291	1027.56837	1508.10553
183.588	13.8188	35.7705	1027.64302	1506.85449
191.421	13.2706	35.6844	1027.72703	1505.08832
200	12.67	35.59	1027.81576	1503.12289

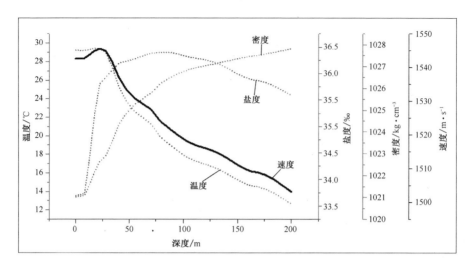

图 3-14　墨西哥湾水域 200m 深海水物性参数模型数据

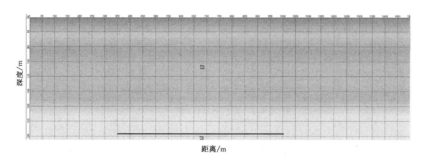

图 3-15　墨西哥湾水域 200m 深海水速度模型

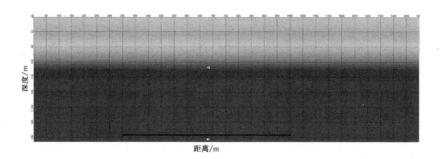

图 3-16　墨西哥湾水域 200m 深海水密度模型

表 3-7　墨西哥湾水域 600m 深海水模型参数（模型五）

介质	顶层/m	厚度/m	纵波速度/ m·s⁻¹	横波速度/ m·s⁻¹	密度/ kg·cm⁻³	品质因子 Q
海水	0	600	1500	0.25	1025	—
海底砂岩	600	600	2200	1270	2086	—
泥岩沉积	1200	1000	3500	2100	2400	—

表 3-8　墨西哥湾水域海水速度补充模型（600m）

深度/m	温度/℃	盐度/‰	密度/kg·cm⁻³	速度/m·s⁻¹
0	26.7077	34.0926	1022.12716	1537.4558
13.4208	26.7147	34.0978	1022.187	1537.70489
27.6358	26.72	34.1	1022.24854	1537.96035
42.7414	26.7264	34.1191	1022.3263	1538.2514
58.8494	26.6911	34.2008	1022.46871	1538.53012
76.0891	26.5594	34.3226	1022.67668	1538.64829
94.609	25.5297	34.3267	1022.98323	1536.41238
114.577	24.3962	34.3933	1023.50984	1534.14312
136.177	23.0892	34.5115	1024.13133	1531.43868
159.6	21.321	34.5962	1024.79798	1527.30488
185.027	18.9665	34.586	1025.52889	1521.21039
212.591	16.7691	34.5548	1026.17045	1515.17938
242.326	14.8542	34.4953	1026.69684	1509.66795
274.105	13.2222	34.4366	1027.14296	1504.82879
307.598	11.7964	34.3824	1027.53696	1500.50617
342.281	10.8669	34.3477	1027.84259	1497.80646
377.527	9.92228	34.3125	1028.14555	1494.98308
412.737	9.092	34.29	1028.43118	1492.5146
447.454	8.47057	34.29	1028.69232	1490.78511
481.402	7.86291	34.29	1028.94459	1489.05899
514.475	7.34473	34.2886	1029.17506	1487.62631

深度/m	温度/℃	盐度/‰	密度/kg·cm⁻³	速度/m·s⁻¹
546.695	6.9323	34.2853	1029.38225	1486.56307
578.176	6.52935	34.2822	1029.58351	1485.50865
609.088	6.21365	34.2827	1029.77131	1484.77931

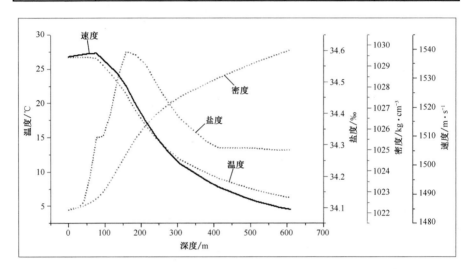

图 3-17　墨西哥湾水域 600m 深海水物性参数模型数据

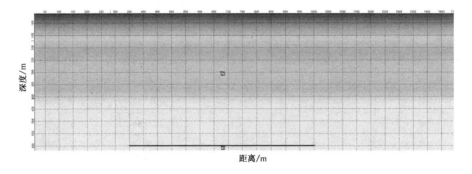

图 3-18　墨西哥湾水域 600m 深海水速度模型

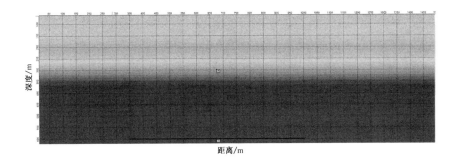

图 3-19 墨西哥湾水域 600m 深海水密度模型

表 3-9 墨西哥湾水域 1300m 深海水模型参数（模型六）

介质	顶层/m	厚度/m	纵波速度/ m·s⁻¹	横波速度/ m·s⁻¹	密度/ kg·m⁻³	品质因子 Q
海水	0	1300	1500	0.25	1025	—
海底砂岩	1300	600	2200	1270	2086	—
泥岩沉积	1900	1000	3500	2100	2400	—

表 3-10 墨西哥湾水域海水速度补充模型（1300m）

深度/m	温度/℃	盐度/‰	密度/kg·m⁻³	速度/m·s⁻¹
0	27.41	34.3367	1022.087	1539.3126
13.2878	27.4033	34.3657	1022.1684	1539.55348
27.2536	27.381	34.3918	1022.25555	1539.76765
41.9724	25.3167	34.4061	1022.97815	1535.23771
57.5311	22.9308	34.4757	1023.80687	1529.66809
74.0314	20.7198	34.4399	1024.46804	1524.06889
91.5921	19.1498	34.4311	1024.95183	1519.9893
110.353	17.9396	34.4036	1025.31817	1516.78022
130.477	16.9511	34.3733	1025.62362	1514.14507
152.154	15.7608	34.3502	1025.97952	1510.84066
175.605	14.79	34.3326	1026.28757	1508.15781
201.075	13.7482	34.3161	1026.61244	1505.19932

深度/m	温度/℃	盐度/‰	密度/kg·m⁻³	速度/m·s⁻¹
228.832	12.9266	34.3024	1026.89596	1502.92824
259.136	12.1027	34.2886	1027.18561	1500.63328
292.2	11.3885	34.2763	1027.46243	1498.70837
328.111	10.61	34.2636	1027.75933	1496.55708
366.742	9.77171	34.2501	1028.07331	1494.17893
407.666	8.94267	34.2417	1028.39421	1491.81491
450.18	8.34748	34.248	1028.69051	1490.31196
493.433	7.74195	34.2548	1028.98944	1488.74941
536.631	7.35329	34.2624	1029.25293	1487.98906
579.205	7.00844	34.2709	1029.50667	1487.3754
620.855	6.65335	34.2819	1029.7589	1486.69829
661.519	6.2894	34.3117	1030.02183	1485.98169
701.316	5.93322	34.3424	1030.27953	1485.27037
740.489	5.58262	34.3705	1030.53074	1484.55585
779.385	5.2345	34.4002	1030.78079	1483.83719
818.464	4.96794	34.4469	1031.03337	1483.46512
858.354	4.79065	34.4861	1031.27155	1483.45678
900	4.60556	34.5196	1031.51422	1483.43581
939.797	4.42827	34.5588	1031.7524	1483.42746
979.594	4.25098	34.598	1031.99057	1483.41912
1021.24	4.06589	34.6315	1032.23325	1483.39815
1062.886	3.8808	34.665	1032.47593	1483.37717
1104.532	3.69571	34.6985	1032.7186	1483.35619
1146.178	3.51062	34.732	1032.96128	1483.33522
1187.824	3.32553	34.7655	1033.20396	1483.31424
1229.47	3.14044	34.799	1033.44664	1483.29327
1271.116	2.95535	34.8325	1033.68932	1483.27229
1312.762	2.77026	34.866	1033.932	1483.25132

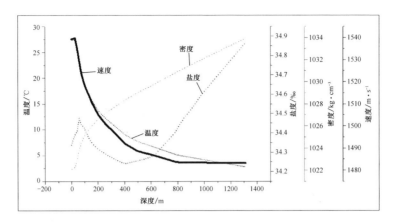

图 3-20 墨西哥湾水域 1300m 深海水物性参数模型数据

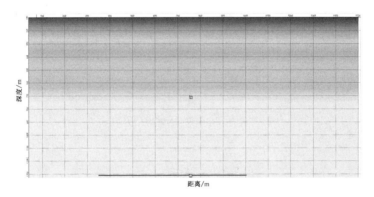

图 3-21 墨西哥湾水域 1300m 深海水速度模型

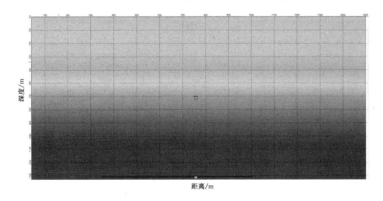

图 3-22 墨西哥湾水域 1300m 深海水密度模型

3.4.2 弹性波正演

图 3-23～图 3-25 分别对应模型四～模型六的正演模拟结果。

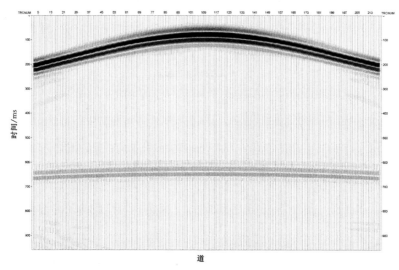

（a）地震子波主频为 25Hz 时的地震振幅

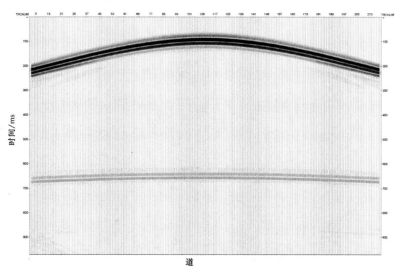

（b）地震子波主频为 35Hz 时的地震振幅

图 3-23 墨西哥湾水域水深为 200m 的海水模型模拟结果

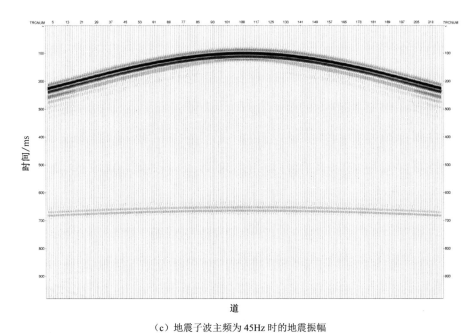

（c）地震子波主频为 45Hz 时的地震振幅

图 3-23　墨西哥湾水域水深为 200m 的海水模型模拟结果（续）

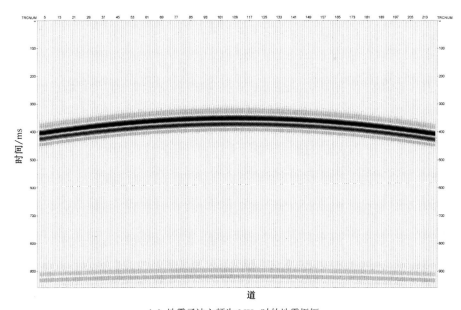

（a）地震子波主频为 25Hz 时的地震振幅

图 3-24　墨西哥湾水域水深为 600m 的海水模型模拟结果

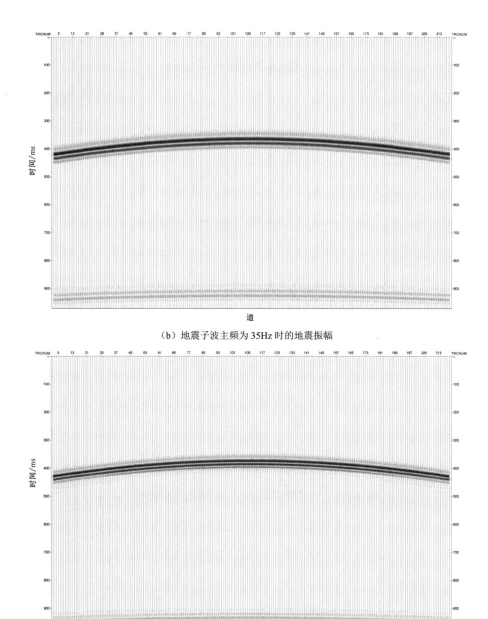

（b）地震子波主频为 35Hz 时的地震振幅

（c）地震子波主频为 45Hz 时的地震振幅

图 3-24　墨西哥湾水域水深为 600m 的海水模型模拟结果（续）

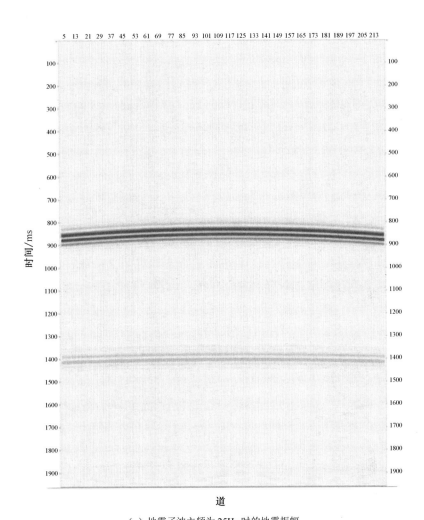

（a）地震子波主频为 25Hz 时的地震振幅

图 3-25　墨西哥湾水域水深为 1300m 的海水模型模拟结果

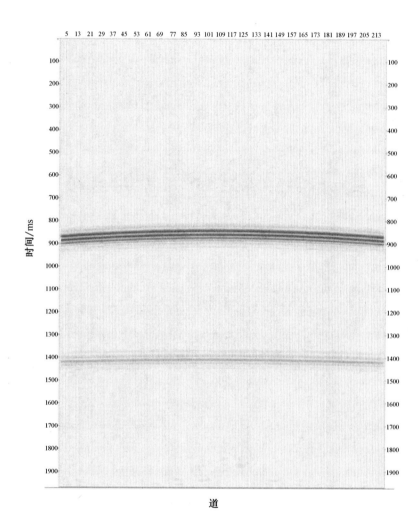

（b）地震子波主频为35Hz时的地震振幅

图 3-25　墨西哥湾水域水深为 1300m 的海水模型模拟结果（续）

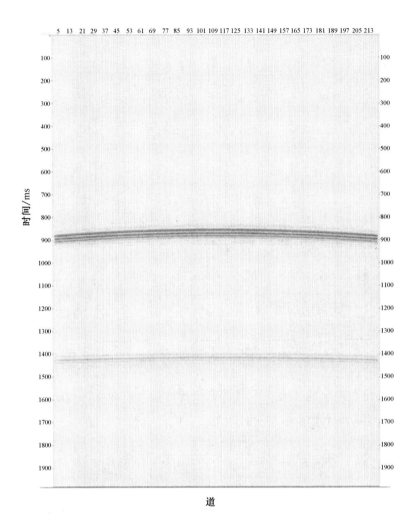

（c）地震子波主频为 45Hz 时的地震振幅

图 3-25　墨西哥湾水域水深为 1300m 的海水模型模拟结果（续）

3.5 实际海水速度模拟数据分析

3.5.1 时间场与频谱

1. 海水变速—地震波时间场

图 3-26～图 3-28 分别展示了墨西哥湾水域海水深度为 200m、600m 和 1300m 的实际海水地震波初至时间场。

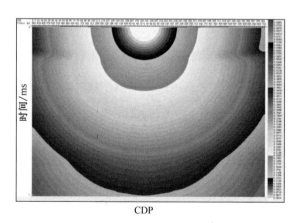

（a）地震子波主频为 25Hz 时的初至波时间场（全场）

图 3-26 墨西哥湾水域海水深度为 200m 的实际海水地震波初至时间场

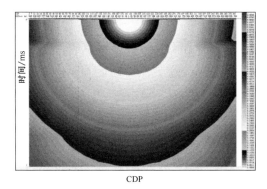

（b）地震子波主频为 35Hz 时的初至波时间场（全场）

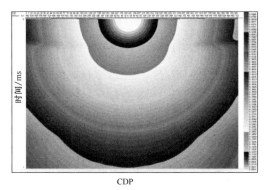

（c）地震子波主频为 45Hz 时的初至波时间场（全场）

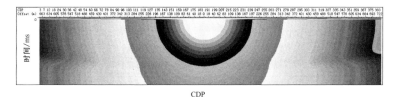

（d）地震子波主频为 25Hz 时的初至波时间场（海水部分）

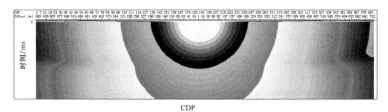

（e）地震子波主频为 35Hz 时的初至波时间场（海水部分）

图 3-26　墨西哥湾水域海水深度为 200m 的实际海水地震波初至时间场（续）

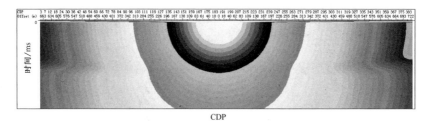

（f）地震子波主频为45Hz时的初至波时间场（海水部分）

图 3-26　墨西哥湾水域海水深度为200m的实际海水地震波初至时间场（续）

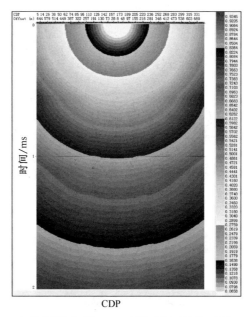

（a）地震子波主频为25Hz时的初至波时间场（全场）

图 3-27　墨西哥湾水域海水深度为600m的实际海水地震波初至时间场

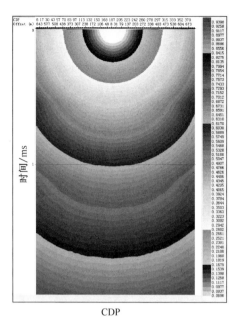

（b）地震子波主频为 35Hz 时的初至波时间场（全场）

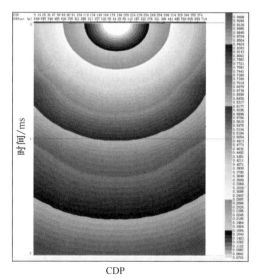

（c）地震子波主频为 45Hz 时的初至波时间场（全场）

图 3-27　墨西哥湾水域海水深度为 600m 的实际海水地震波初至时间场（续）

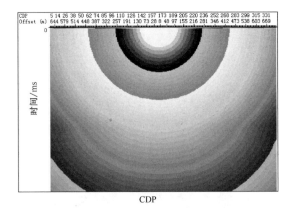

（d）地震子波主频为 25Hz 时的初至波时间场（海水部分）

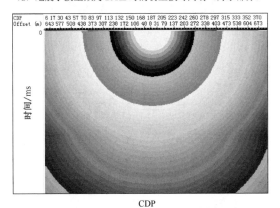

（e）地震子波主频为 35Hz 时的初至波时间场（海水部分）

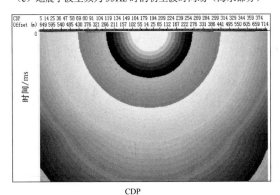

（f）地震子波主频为 45Hz 时的初至波时间场（海水部分）

图 3-27　墨西哥湾水域海水深度为 600m 的实际海水地震波初至时间场（续）

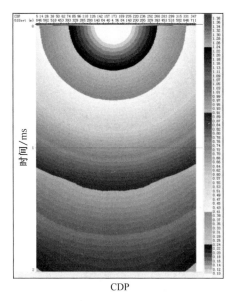

（a）地震子波主频为 25Hz 时的初至波时间场（全场）

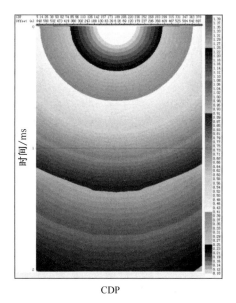

（b）地震子波主频为 35Hz 时的初至波时间场（全场）

图 3-28　墨西哥湾水域海水深度为 1300m 的实际海水地震波初至时间场

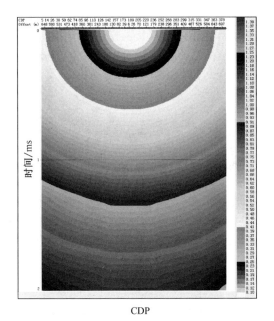

（c）地震子波主频为 45Hz 时的初至波时间场（全场）

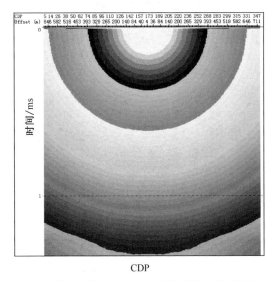

（d）地震子波主频为 25Hz 时的初至波时间场（海水部分）

图 3-28　墨西哥湾水域海水深度为 1300m 的实际海水地震波初至时间场（续）

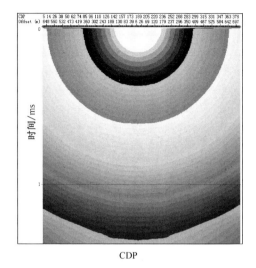

（e）地震子波主频为 35Hz 时的初至波时间场（海水部分）

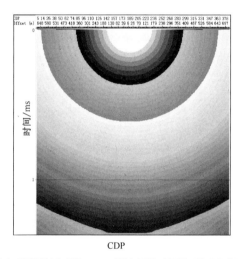

（f）地震子波主频为 45Hz 时的初至波时间场（海水部分）

图 3-28　墨西哥湾水域海水深度为 1300m 的实际海水地震波初至时间场（续）

2. 海水变速—地震波频谱分析

图 3-29～图 3-31 分别展示了墨西哥湾水域不同海水深度时，25Hz、

35Hz 和 45Hz 主频模拟实际海水地震数据频谱分析的结果（去除多次波）。

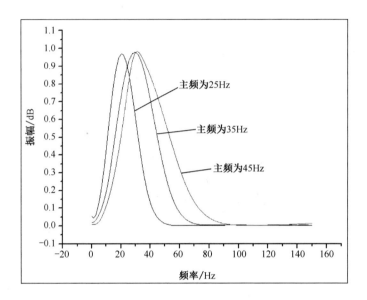

图 3-29　墨西哥湾水域海水深度为 200m 的模拟实际海水地震数据频谱分析

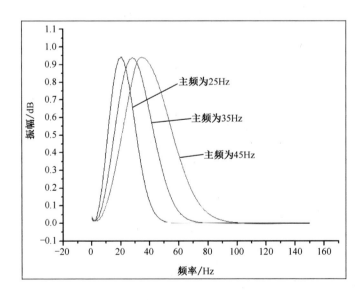

图 3-30　墨西哥湾水域海水深度为 600m 的模拟实际海水地震数据频谱分析

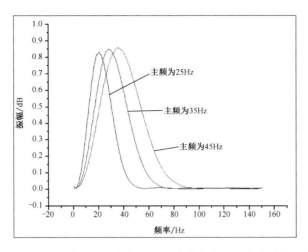

图 3-31　墨西哥湾水域海水深度为 1300m 的模拟实际海水地震数据频谱分析

3.5.2　振幅随偏移距的变化分析

为了后期振幅对比，图 3-32 对全部模拟地震数据直达波进行了振幅的
拾取。

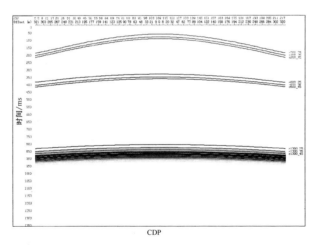

图 3-32　墨西哥湾水域的地震实际数据振幅标定示意图

3.6　均匀海水速度与实际海水速度下的地震波对比分析

3.6.1　时间场与频谱

1. 时间场

图 3-33～图 3-35 分别显示了在 25Hz、35Hz、45H 地震子波主频下，200m、600m 和 1300m 水深的海水匀速和真实变化速度之间的直达波绝对时间场差异。

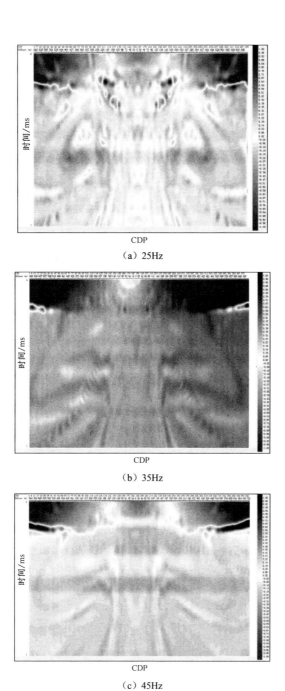

（a）25Hz

（b）35Hz

（c）45Hz

图 3-33　海水深度为 200m 时不同地震子波主频下的直达波时间场差异

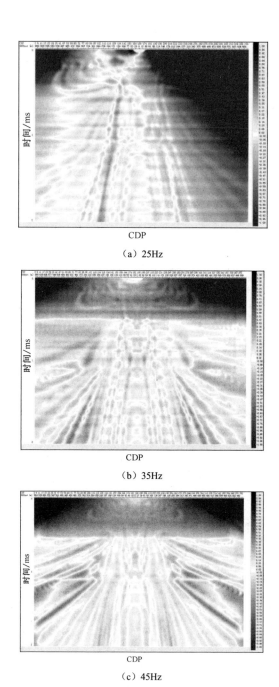

（a）25Hz

（b）35Hz

（c）45Hz

图 3-34 海水深度为 600m 时不同地震子波主频下的直达波时间场差异

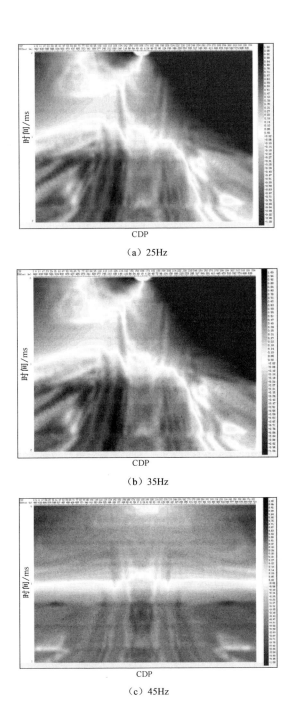

（a）25Hz

（b）35Hz

（c）45Hz

图 3-35　海水深度为 1300m 时不同地震子波主频下的直达波时间场差异

2. 频谱

首先分析海水变化对地震波频谱的影响。本次模拟中，海水部分没有采用吸收衰减模式，所以地震波在海水中传播，频率上应该没有损失。根据现有海水中声音传播的吸收衰减理论，地震勘探频带上海水对地震波的频率吸收效应有限。图 3-36 和图 3-37 分别显示了 200m 和 1300m 水深时匀速海水和实际海水模拟数据频谱分析，频谱损失和变化可以忽略。

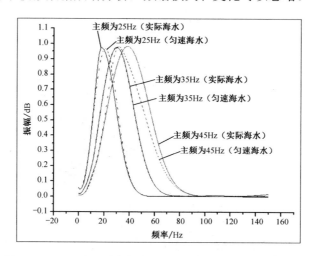

图 3-36　200m 水深时匀速海水和实际海水模拟数据频谱分析

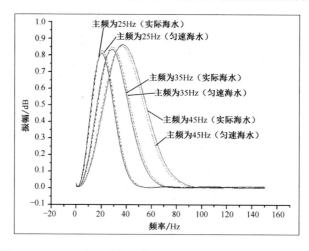

图 3-37　1300m 水深时匀速海水和实际海水模拟数据频谱分析

3.6.2　振幅随偏移距的变化分析

由于存在时间场差异和能量不一致，所以地震波随着偏移距的变化在振幅上会有所体现，这种变化是时差和能量分布不一致导致的。对模拟数据进行分析，图 3-38 和图 3-39 分别显示了匀速海水和实际海水情况下地震波 AVO 曲线特征。

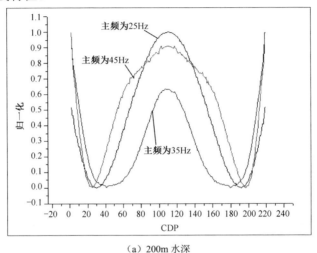

（a）200m 水深

（b）600m 水深

图 3-38　匀速海水情况下地震波 AVO 曲线特征

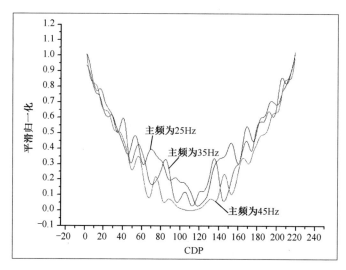

（c）1300m 水深

图 3-38　匀速海水情况下地震波 AVO 曲线特征（续）

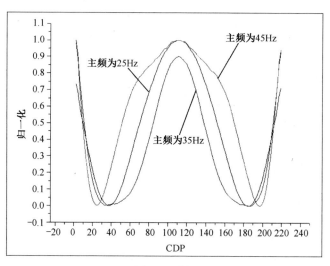

（a）200m 水深

图 3-39　实际海水情况下地震波 AVO 曲线特征

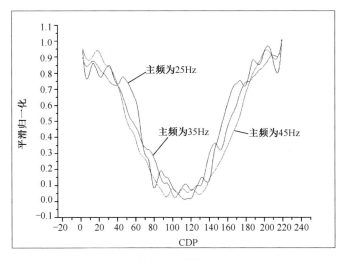

（b）600m 水深

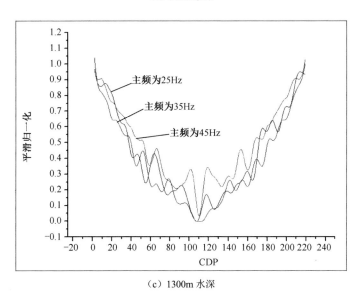

（c）1300m 水深

图 3-39 实际海水情况下地震波 AVO 曲线特征（续）

　　分别对比 200m、600m 和 1300m 水深情况下不同的地震子波主频 AVO
变化特征。图 3-40 和图 3-41 中的曲线采用了归一化的方式，主要研究海水
分层导致地震偏移距上的振幅衰减趋势；图 3-40 和图 3-41 中分别展示了匀

速海水衰减趋势和分层海水的振幅衰减趋势。海水分层导致随着偏移距的变化振幅衰减加快。

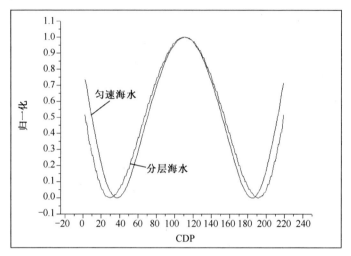

（a）主频为 25Hz

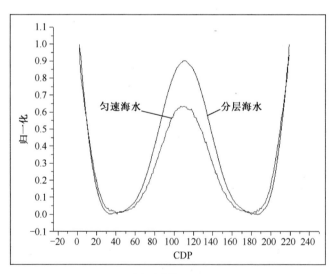

（b）主频为 35Hz

图 3-40　水深为 200m 时的 AVO 曲线对比

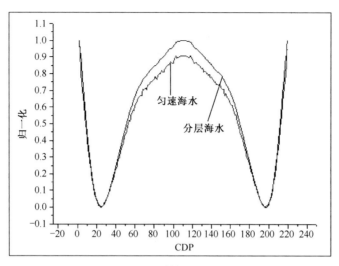

（c）主频为 45Hz

图 3-40　水深为 200m 时的 AVO 曲线对比（续）

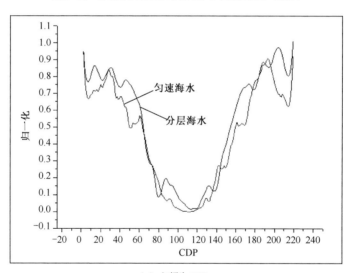

（a）主频为 25Hz

图 3-41　水深为 600m 时的 AVO 曲线对比

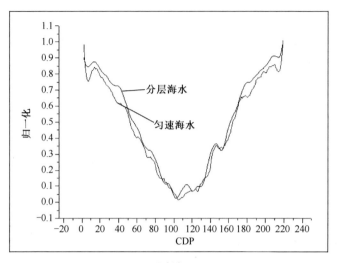

（b）主频为35Hz

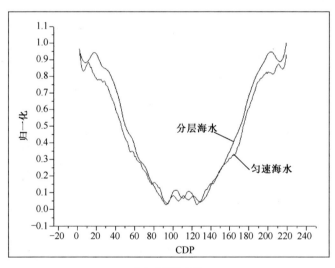

（c）主频为45Hz

图3-41　水深为600m时的AVO曲线对比（续）

通过对比发现，海水速度对地震波的能量值有所影响，实际海水地震波振幅能量衰减梯度变大（见图3-42和图3-43）。但随着海水深度的增加，在最大偏移距不变的情况下，其振幅随偏移距变化的影响梯度减少。这一结果说明，在地震观测系统中，检波器和炮点的路径是影响其能量和梯度变化的主要因素。

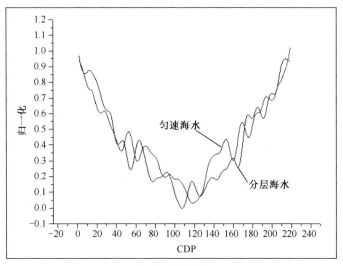

（a）主频为 25Hz

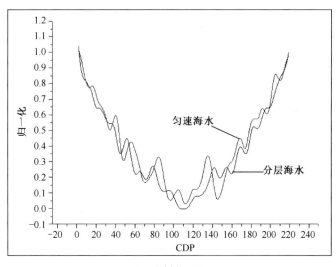

（b）主频为 35Hz

图 3-42　水深为 1300m 时的 AVO 曲线对比

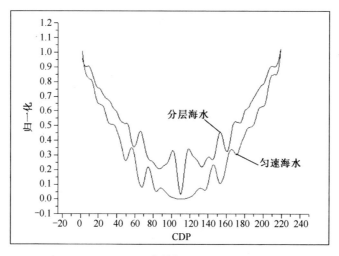

（c）主频为45Hz

图 3-42　水深为 1300m 时的 AVO 曲线对比（续）

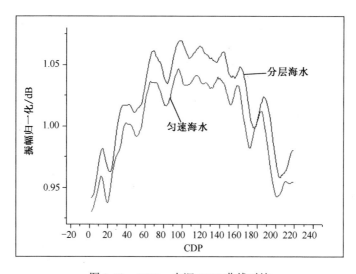

图 3-43　1300m 水深 AVO 曲线对比

　　随着水深的增加，地震振幅能量减弱，但是每个地震检波器和炮点的距离都变得近似，导致其 AVO 趋势变化减弱。为了继续进行验证，如果深水中布设检波器的长度较长，会导致地震检波器到炮点的距离增加，最长偏移距和最短偏移距之间的差值变大，在 AVO 分析上产生较大的差异化效果。

3.7　长偏移距观测系统正演模拟

加长检波器在海底的布设长度，具体参数如表 3-11 所示。

表 3-11　新实验观测系统

观测系统	x/m	z/m	炮间距/m	道间距/m	观测方式
炮点	0	10	—	—	单炮
检波点	0～5000	海底（1300）	—	3	1668 道

其中，海水与沉积物性模型依旧采用模型六 1300m 水深的参数，模型六示意图如图 3-44 所示，地震波正演波场如图 3-45 所示，地震波时间场如图 3-46 所示。

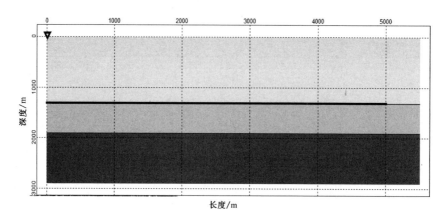

图 3-44　模型六示意图

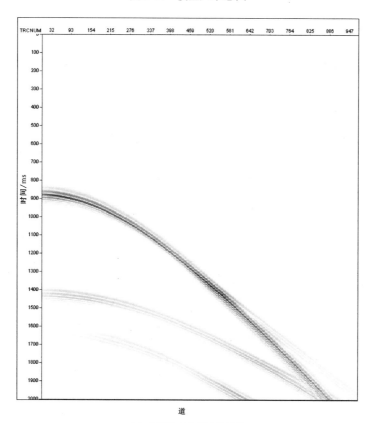

（a）实际海水速度地震记录

图 3-45　地震波正演波场

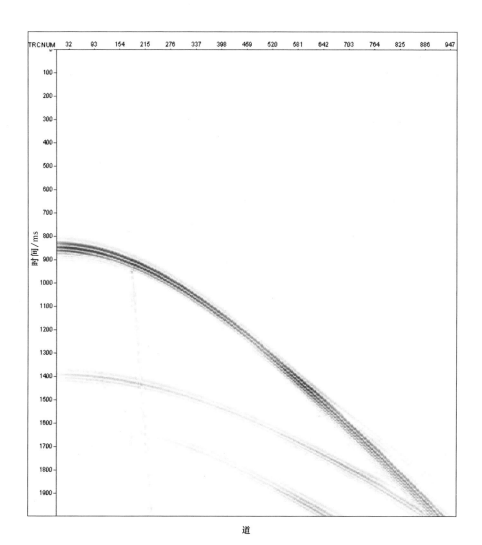

（b）均匀海水速度地震记录

图 3-45　地震波正演波场（续）

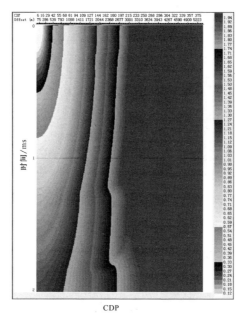

（a）实际海水速度时间场（全场）

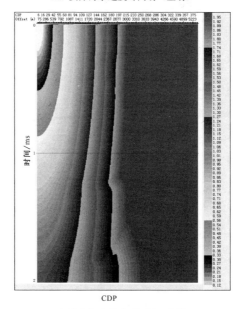

（b）均匀海水速度时间场（全场）

图 3-46　地震波时间场

图 3-47 展示了在模型六地震波纵波波前的时间场差异（实际海水和匀速海水），图 3-48 显示了地下反射层的地震波振幅拾取。

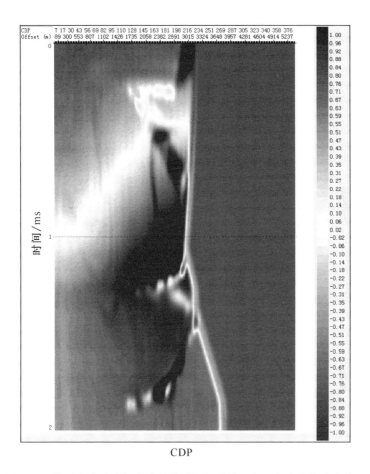

图 3-47　模型六地震波纵波波前的时间场差异（实际海水和匀速海水）

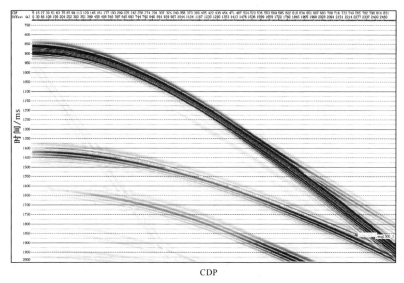

（a）实际海水振幅拾取

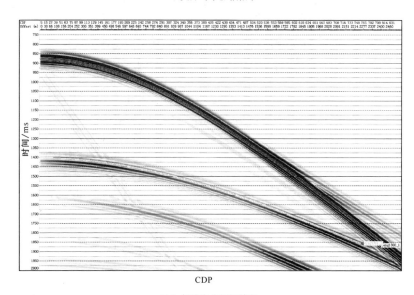

（b）匀速海水振幅拾取

图 3-48　地下反射层的地震波振幅拾取

图 3-49 显示了随着偏移距的增加，实际海水层的振幅减弱趋势相对匀速海水的增加，能量整体低于均匀海水振幅。此外，海水速度分层的影响导

致大偏移距、长路径下，地震波随偏移距变化梯度的增加衰减较快。这一结果证明，海水的非匀速状态对地震波场的传播主要体现在能量和 AVO 变化趋势上，路径越长影响越大。针对这个问题，第 4 章将重点讨论如何校正海水速度变化在振幅能量和 AVO 上的干扰。

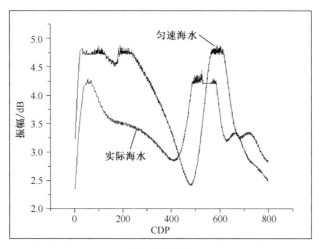

（a）原始拾取

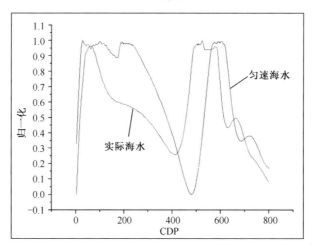

（b）平滑之后显示

图 3-49　振幅 AVO 曲线

第 4 章

海洋多分量地震数据海水中能量损失补偿研究

4.1　引言

在海洋反射地震勘探中，声波通常由气枪激发，然后在海水和海底介质中向下传播，遇到波阻抗突变界面时，声波发生反射和折射，最终被位于海底的检波器接收。随着海洋勘探深度的不断加深，气枪震源和检波器之间的距离不断增加，相同震源到达不同检波器后，其反射信号射线路径上的能量相差变大（见图 4-1）。

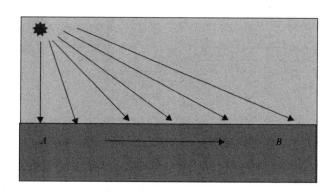

图 4-1　海洋 OBC 勘探能量传播示意图

图 4-1 中左上角的爆炸标志表示震源，箭头表示震源能量的传播方向。从位置 A 到位置 B，声波在海水中的传播路径不断增加，震源到达海底的能量逐渐减弱。震源能量的不一致性将导致地震信号振幅的一致性较差，在进行 OBC 地震资料叠前处理时，首先需要将震源振幅能量统一，这等效于将震源从海面附近投影移动到海底表面，从而消除震源在海水中传播路径变化带来的差异。

海水存在明显的层化现象，许多国内外海洋物理学者在这一领域进行了深入的研究。Ruddick 等人首次利用估算海水物性对法向反射系数的相对贡献的方法，定量分析了反射系数与海水物性之间的关系，获得了温度和盐度的法向相对贡献。

Sallares 等人展示了 Gadiz 湾海水密度、温度和盐度对反射系数的贡献；宋海斌等人通过利用 Sallares 等人的方法计算了地中海海域海水物性对声波反射系数的贡献（见图 4-2）。在 OBC 地震数据处理中，我们需要合理地考虑海水中存在的层化波阻抗导致的地震数据能量损失。

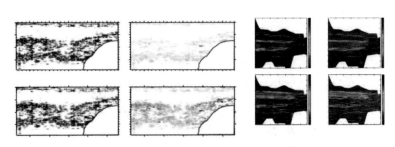

（a）Sallares 等人的方法　　　　　　　　　（b）宋海斌等人的方法

图 4-2　海水中反射系数示意图

4.2　海洋物理参数计算方法

为了更加有效地利用海洋物理参数，本节通过将实际数据与理论公式相结合的方法，系统地分析了如何有效建立地震勘探区海水的速度和密度场，服务于后续的扫描透射补偿算法。声波在海水中的传播速度受到温度、压力和盐度的综合影响。下文将讨论海水中的声波速度公式。

4.2.1　声波速度公式

在进行深水勘探时，水中的声波速度公式主要有以下 4 种。

1. Chen & Millero 公式

Chen & Millero 公式仅适用于水深小于 1000m 的情况，这个公式是被联合国教科文组织认可的国际标准公式，具体公式如下：

$$V = C_w(T, P) + A(T, P)s + B(T, P)s^{3/2} + D(T, P)s^2$$

$$C_w(T, P) = C_{00} + C_{01}T + C_{02}T^2 + C_{03}T + C_{04}T^4 + C_{05}T^5 + (C_{10} + C_{11}T +$$
$$C_{12}T^2 + C_{13}T^3 + C_{14}T^4)P + (C_{20} + C_{21}T + C_{22}T^2 +$$
$$C_{23}T^3 + C_{24}T^4)P^2 + (C_{30} + C_{31}T + C_{32}T^2)P^3$$

$$A(T, P) = A_{00} + A_{01}T + A_{02}T^2 + A_{03}T^3 + A_{04}T^4 + (A_{10} + A_{11}T +$$
$$A_{12}T^2 + A_{13}T^3 + A_{14}T^4)P + (A_{20} + A_{21}T + A_{22}T^2 + A_{23}T^3)P^2 +$$
$$(A_{30} + A_{31}T + A_{32}T^2)P^3$$

$$B(T, P) = B_{00} + B_{01}T + (B_{10} + B_{11}T)P$$

$$D(T, P) = D_{00} + D_{10}P$$

（4-1）

式中，T 表示温度，单位为℃；s 表示盐度，单位为‰；P 表示压力，单位为 bar（1bar=100kPa）。式（4-1）建立在对海水的系统观测上，使用限制条件为：0℃<T<40℃、0‰<s<40‰、0bar<P<1000bar。式（4-1）中的详细参数如表 4-1 所示。

表 4-1 详细参数表

参数	取值	参数	取值	参数	取值	参数	取值
A_{00}	1.389	A_{21}	9.1041×10^{-9}	C_{01}	5.03711	C_{21}	-1.7107×10^{-6}
A_{01}	-1.262×10^{-2}	A_{22}	-1.6002×10^{-10}	C_{02}	-5.80852×10^{-2}	C_{22}	2.5974×10^{-8}
A_{02}	7.164×10^{-5}	A_{23}	7.988×10^{-12}	C_{03}	3.3420×10^{-4}	C_{23}	-2.5335×10^{-10}
A_{03}	2.006×10^{-6}	A_{30}	1.100×10^{-10}	C_{04}	-1.47800×10^{-6}	C_{24}	1.0405×10^{-12}
A_{04}	-3.21×10^{-8}	A_{31}	6.649×10^{-12}	C_{05}	3.1464×10^{-9}	C_{30}	-9.7729×10^{-9}
A_{10}	9.4742×10^{-5}	A_{32}	-3.389×10^{-13}	C_{10}	0.153563	C_{31}	3.8504×10^{-10}
A_{11}	-1.2580×10^{-5}	B_{00}	-1.922×10^{-2}	C_{11}	6.8982×10^{-4}	C_{32}	-2.3643×10^{-12}
A_{12}	-6.4885×10^{-8}	B_{01}	-4.42×10^{-5}	C_{12}	-8.1788×10^{-6}	D_{00}	1.727×10^{-3}
A_{13}	1.0507×10^{-8}	B_{10}	7.3637×10^{-5}	C_{13}	1.3621×10^{-7}	D_{10}	-7.9836×10^{-6}
A_{14}	-2.0122×10^{-10}	B_{11}	1.7945×10^{-7}	C_{14}	-6.1185×10^{-10}		
A_{20}	-3.9064×10^{-7}	C_{00}	1402.388	C_{20}	3.1260×10^{-5}		

2. Medwin 公式

Medwin 公式是一种快速计算声波速度和海水参数关系的公式，该公式简化了大量系数，并用深度 D 替换了压力 P，Medwin（1975 年）的论文表明，该公式适用于海水深度在 1000m 以内的情况，具体公式如下：

$$V = 1449.2 + 4.6T - 5.5 \times 10^{-2}T^2 + 2.9 \times 10^{-4}T^3 + (1.34 - 0.010T) \cdot \qquad (4\text{-}2)$$
$$(s - 35) + 0.016D$$

式中，V 表示声速，单位为 m/s；T 表示温度，单位为℃；s 表示盐度，单位为‰；D 表示深度，单位为 m。式（4-2）建立在对海水的系统观测上，使用限制条件为：0℃≤T≤35℃、0‰≤s≤45‰、0m≤D≤1000m。

3. Mackenzie 公式

Mackenzie 公式是一种针对特深水域的计算公式，最大适用深度可达 8000m，具体公式如下：

$$V(D, s, T) = 1448.96 + 4.591T - 5.304 \times 10^{-2}T^2 + 2.374 \times 10^{-4}T^3 +$$
$$1.340(s - 35) + 1.630 \times 10^{-2}D + 1.675 \times 10^{-7}D^2 - \qquad (4\text{-}3)$$
$$1.025 \times 10^{-2}T(s - 35) - 7.139 \times 10^{-13}TD^3$$

式中，T 表示温度，单位为℃；s 表示盐度，单位为‰；D 表示深度，单位为 m。式（4-3）的使用限制条件为：0℃≤T≤30℃、25‰≤s≤40‰、0m≤D≤8000m。

4. Del Grasso's 公式

Del Grasso's 公式的使用被限定在深度为 1000m 以下的水域，该公式的使用具有严格的取值范围，被众多海洋物理学家推崇，该公式是在新的全球盐温测量数据的基础上拟合而成的，具体公式如下：

$$C(s,\ T,\ P) = C_{000} + \Delta C_T + \Delta C_s + \Delta C_P + \Delta C_{sTP}$$

$$\Delta C_T(T) = C_{T^1}T + C_{T^2}T^2 + C_{T^3}T^3 \qquad (4\text{-}4)$$

$$\Delta C_s(s) = C_{s^1}s + C_{s^2}s^2$$

$$\Delta C_P(P) = C_{p^1}P + C_{p^2}P^2 + C_{p^3}P^3$$

$$\begin{aligned}\Delta C_{sTP}(s,\ T,\ P) = {}& C_{TP}TP + C_{T^3P}T^3P + C_{TP^2}TP^2 + C_{T^2p^2}T^2P^2 + \\ & C_{TP^3}TP^3 + C_{sT}sT + C_{sT^2}sT^2 + C_{sTP}sTP + \\ & C_{s^2TP}s^2TP + C_{s^2p^2}s^2P^2 \end{aligned} \qquad (4\text{-}5)$$

式中，T 表示温度，单位为℃；s 表示盐度，单位为‰；P 表示压强，单位为 kg/cm²。式（4-5）的使用限制条件为：0℃≤T≤30℃、30‰≤s≤40‰、0kg/cm²≤P≤1000kg/cm²。

根据地震勘探的实际需要（深度）和前人的研究经验，本书研究采用 Mackenzie 公式求取海水速度场信息。对于任意海域，其温度、盐度和深度等都具有自己的数据库。由于在不同年份、不同季节测量高分辨率 CTD 数据（温度、盐度和深度）会出现偏差，我们一般会对勘探区块的 CTD 数据进行拟合，求出分布最精确的 CTD 数据。这样，在勘探区块，首先可以得到随深度 D 变化的温度 T 和盐度 s，然后根据 Mackenzie 公式求取海水的速度场信息。

4.2.2 求取海水的压力和密度

Saunders（1981 年）对海水深度转换为压力的研究描述公式如下：

$$P = \frac{(1-C_1) - \sqrt{(1-C_1)^2 - (8.848\mathrm{e}^{-6}D)}}{4.42\mathrm{e}^{-6}}$$

$$C_1 = 5.92\mathrm{e}^{-3} + 5.25\mathrm{e}^{-3}\left[\sin\frac{|L|\pi}{180°}\right]^2 \qquad (4\text{-}6)$$

式中，L 表示勘探区纬度；D 表示勘探区深度（平均深度），这里根据地震剖面中海底反射层旅行时估算深度，取声波速度为 1500m/s。

得到温度 T、压力 P 和盐度 s 后，计算海水密度，可利用 UNESCO 公式（1983 年），通过温度 T、压力 P 和盐度 s 计算相应的海水密度。

至此，我们已经得到了海水的温度 T、压力 P、盐度 s、密度和对应的深度 D_o，运用前文所述的速度求取公式，可以得出不同深度的海水的速度。

图 4-3～图 4-6 分别展示了利用前文所述的公式和方法求取的巴西东海含油气深水盆地区域的海洋地球物理参数。

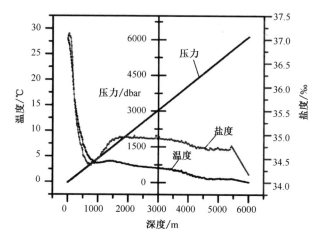

图 4-3　温度、压力和盐度随深度的变化

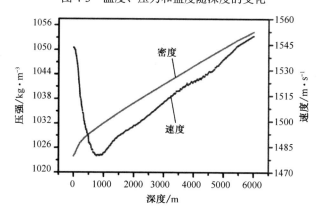

图 4-4　密度和速度随深度的变化

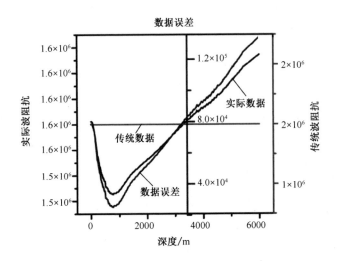

图 4-5　实际波阻抗和传统波阻抗对比

注：为凸显实际波阻抗随深度的变化，本图对曲线进行拉伸，以区别计算数值，但坐标数值保持稳定。

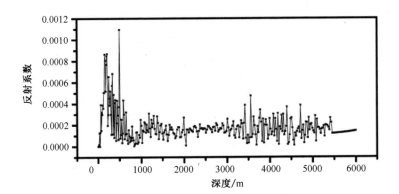

图 4-6　反射系数随海水深度的变化

4.3　海水中声波能量衰减算法

根据地震震源区域经纬度数据，综合利用海水状态方程和海水物性关系方程计算该区域海水的密度、盐度、温度、压力和速度等物理参数；通过扫描多分量地震数据道头偏移距 X 和深度信息 h，求取海水中多分量地震数据各道海水中的地震波场海水层几何扩散补偿因子 D_i，对各道数据进行补偿；根据震源子波、多分量地震波频带特征和海水物理参数阶梯状分布特点计算密度和速度对海水中地震信号传播等效分层的各道的反射系数 R_n 和透射系数 T_n；应用分道透射补偿方法对海水层几何扩散补偿后的多分量地震道进行透射补偿。本节研究解决了海洋深水多分量地震 AVA 道集的振幅能量失真问题，具体步骤如下。

（1）计算海水物理参数数据。

（2）根据叠加剖面震源子波和多分量地震频带定义海水层状分布深度区间、等效层厚度，并确定 CTD 数据插值网格的大小。

（3）对多分量地震道集进行扫描，结合海水速度信息，求取海水中的地震波场海水层几何扩散补偿因子 D_i。

（4）对多分量地震道集进行扫描，求取各道入射角 i，根据 Aki & Richards 简化公式，计算随入射角变化的海水分层的反射系数 R_n 和透射系数 T_n，得到透射补偿因子 T_i。

（5）根据计算得到的海水中的地震波场海水层几何扩散补偿因子 D_i 和透射补偿因子 T_i，对多分量叠前 AVA 数据进行分道补偿和校正。

图 4-7 显示了该算法的主要技术路线。

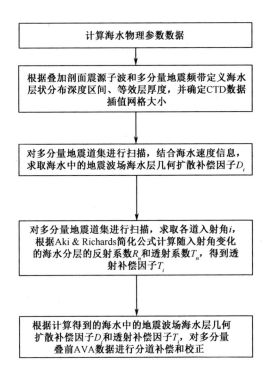

图 4-7　主要技术路线

4.2 节详细说明了计算海水物性的方法和过程。下面结合海水速度信息，通过多分量地震道集扫描，求取海水中的地震波场海水层几何扩散补偿因子 D_i，公式如下：

$$D_i = \frac{V_d^2 T_d}{V_{\min}^2} \qquad (4\text{-}7)$$

式中，V_d 和 T_d 分别为沿着波在海水中传播的射线路径上的均方根速度和传播旅行时；$V_{\min}$ 为海水中声波传播的最小速度。

通过多分量地震道集进行扫描，求取各道入射角 i，根据 Aki & Richards 简化公式计算随入射角变化的海水分层的反射系数 R_n 和透射系数 T_n，得到透射补偿因子 T_i。

根据式（4-9）和式（4-8）计算海水速度和密度分层随着地震波入射角变化的反射系数 R_ρ 和 R_v，得到随地震波入射角变化的海水分层反射系数 R_n，如式（4-10）所示。

$$R_\rho = \left| \frac{\Delta\rho}{2\rho} \right| \qquad (4\text{-}8)$$

$$R_v = \left| \frac{\Delta v}{2v\cos^2 i} \right| \qquad (4\text{-}9)$$

$$R_n = R_\rho + R_v \qquad (4\text{-}10)$$

根据式（4-11）和式（4-12）计算海水速度和密度分层随着地震波入射角变化的透射系数 T_ρ 和 T_v，得到地震波随入射角变化的海水分层的反射系数 T_n，如式（4-13）所示。

$$T_\rho = \left| 1 - \frac{\Delta\rho}{2\rho} \right| \qquad (4\text{-}11)$$

$$T_v = \left| \frac{\Delta v}{2v\cos^2 i} - \frac{\Delta v}{v} \right| \qquad (4\text{-}12)$$

$$T_n = T_\rho + T_v \qquad (4\text{-}13)$$

根据式（4-14）计算得到随地震波入射角变化的透射补偿因子 T_i。

$$T_i = \frac{1}{T_n} \qquad\qquad (4\text{-}14)$$

根据计算得到的海水中的地震波场海水层几何扩散补偿因子 D_i 和透射补偿因子 T_i，对多分量叠前 AVA 数据进行分道补偿和校正。

$$S_{\text{out1}}(t) = D_i S_{\text{in}}(t) \qquad\qquad (4\text{-}15)$$

式中，$S_{\text{in}}(t)$ 和 $S_{\text{out1}}(t)$ 分别为原始地震数据和海水层扩散补偿后的地震数据。

$$S_{\text{out2}}(t) = T_i S_{\text{out1}}(t) \qquad\qquad (4\text{-}16)$$

根据式（4-15）和式（4-16）可计算得到最终的多分量叠前 AVA 数据，以及进行分道补偿和校正后的数据 $S_{\text{out2}}(t)$。

4.4 多分量正演地震数据海水衰减补偿

为了检验算法的效果，本节建立了海洋地质模型（见图 4-8）。其中，海洋地质模型观测系统信息如表4-2所示，该模型的弹性参数如表4-3所示。

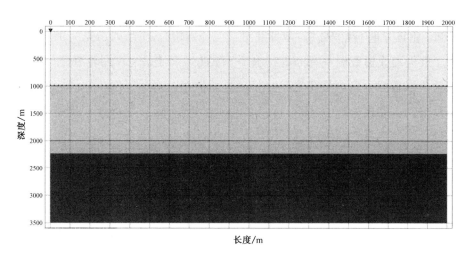

图 4-8 地质模型示意图

表 4-2　海洋地质模型观测系统设置

海底 OBC		震源位置/m	检波点位置/m	子波信息	V_z	V_x	Pressure
起始点/m	X_1	0	0	主频 35Hz			
	Z_1	10	1000				
终点/m	X_n		2000		有	有	有
	Z_n		1000	Ricker 子波			
数量		1	134				
间距			15				

表 4-3　海洋地质模型弹性参数表（海水参数参照 600m 深度模型）

模型类型	弹性参数	第 1 层（海水）	第 2 层沉积物	第 3 层（含油/水）	第 4 层沉积物
模型	$V_p/\text{m} \cdot \text{s}^{-1}$	变化	1800	3500	5000
	$V_s/\text{m} \cdot \text{s}^{-1}$	0.25	600	1500	2700
	$\rho/\text{kg} \cdot \text{m}^{-3}$	变化	1600	2400	2600

　　采用有限差分数值模拟，将反射模式设置为非自由界面，同时接收压力分量、垂直分量（纵波分量）和水平分量的地震数据（转换波分量）。图 4-9 显示了补偿前模拟数据垂直分量和水平分量的地震波信息，图 4-10 显示了补偿后模拟数据垂直分量和水平分量地震波信息。对比发现，补偿后的振幅能量得到了加强。此外，图 4-11 显示出补偿前后地震波 AVO 变化趋势得到了校正，海水导致的快速衰减梯度在补偿后变小。

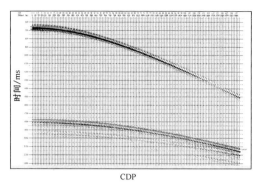

（a）垂直分量的地震波信息

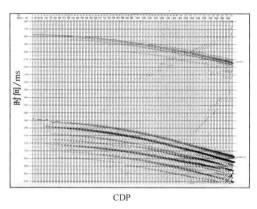

（b）水平分量的地震波信息

图 4-9 补偿前模拟数据垂直分量和水平分量的地震波信息

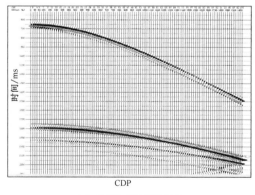

（a）垂直分量地震波信息

图 4-10 补偿后模拟数据垂直分量和水平分量地震波信息（振幅能量得到加强）

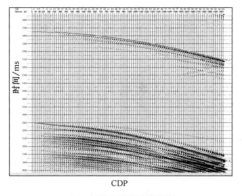

（b）水平分量地震波信息

图 4-10　补偿后模拟数据垂直分量和水平分量地震波信息（振幅能量得到加强）（续）

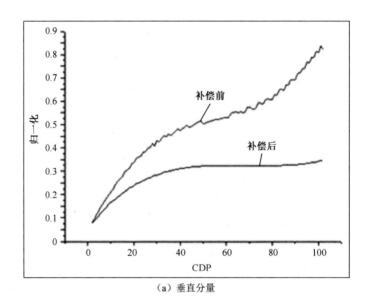

（a）垂直分量

图 4-11　补偿后垂直分量和水平分量地震模拟数据 AVO 变化趋势（非振幅能量）

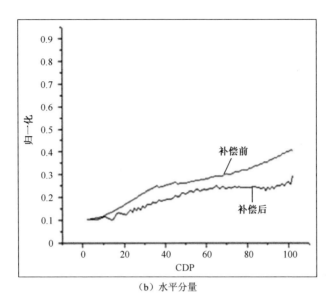

（b）水平分量

图 4-11　补偿后垂直分量和水平分量地震模拟数据 AVO 变化趋势（非振幅能量）（续）

第 5 章

海洋多分量地震数据双检合成技术研究

5.1　引言

随着对海洋勘探深度和精度要求的不断提升，常规的单源激发、单拖缆接收或双源激发、多揽接收地震波的三维地震采集技术已经不能满足高精度勘探、储层预测和油藏监控的要求。新的海洋多分量 OBC、OBS 和 OBN 技术从 20 世纪 90 年代初期开始兴起，由于多分量地震数据携带大量转换横波数据，这些数据可以很好地结合纵波资料，提供大量储层弹性参数，有利于对油气储层的预测和描述。然而受制于前期转换波数据静校正、速度建模和偏移成像技术发展落后的影响，导致海洋 OBC 技术的应用受到了限制。得益于最近 10 年相关技术的发展和进步，OBC 等多分量地震勘探技术再一次被用在海洋地震勘探中，并且应用范围不断增大，相关软件技术不断得到发展和提高。

在此发展背景下，针对海洋多分量地震勘探的关键技术重新引起了学术界和工业界的重视。海洋多分量地震数据双检合成技术再次得到应用和发展。Barr 等人首次对双检技术进行分析了探讨，随后 Hoffe 和 Fred 等人基于海底电缆地震资料分析探讨了鸣震产生的物理机制。CGG 公司的 Poole 和 Wang 等人讨论了利用压力分量和垂直分量去除非鬼波噪声的方法技术。

中国石油集团东方地球物理勘探有限责任公司的崔辉霞等人介绍了中国石油集团东方地球物理勘探有限责任公司自有的 GeoEast 系统海底电缆双检合成技术;薛维忠等人介绍了 Echo 处理系统针对 OBC 双检资料处理技术。这些技术均对压力分量或垂直分量地震数据进行相关处理后再叠加,而不是仅进行简单的叠加处理,根本原因是这两种地震数据检波器的检测方式和工作原理不同。

5.2　海底电缆双检工作机制和特性

5.2.1　压力分量检波器的结构和工作原理

压力分量检波器结构示意图如图 5-1 所示，其中，压电元件一般由压电陶瓷构成。压力分量检波器内部的基座、压电陶瓷和质量体结合在一起，当检波器受到外力作用（水压）时，基座和质量体会一起运动，但由于质量体相对基座的质量较小，惯性也较小，因此在运动过程中会受到一个与加速度方向相反并作用于压电陶瓷的惯性力。此时，压电陶瓷会利用压电效应将由地震波动引起的水压变化转化为电信号。压力分量检波器所产生电压的大小与其所在位置震动的加速度成正比，因此，压力分量检波器又称加速度检波器。压力分量检波器具有质量小、测量范围广、频带宽、灵敏度高、结构简单、工作可靠等优点。因此，压力分量检波器被广泛用于陆地高精度地震勘探，以及中浅水和深水地震勘探。

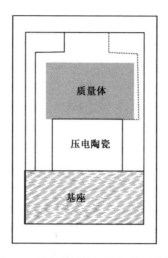

图 5-1　压力分量检波器结构示意图

5.2.2　垂直分量检波器的结构和工作原理

垂直分量检波器是将反映地面机械振动的速度信号转化为垂直分量检波器的模拟输出电压，其结构示意图如图 5-2 所示。在一般情况下，垂直速度检波器由永久磁铁（也称磁钢）、线圈、弹簧片等部分组成。其中，线圈通

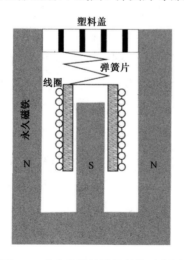

图 5-2　垂直分量检波器结构示意图

过一个处于永久磁铁的磁场中的弹簧片与外壳相连，外壳与大地耦合。当垂直分量检波器感应到地面传来的波动时，传感器开始振动，此时由于惯性，线圈和永久磁铁产生相对运动，线圈在永久磁铁产生的磁场中运动产生感应电动势，电压的大小由二者相对运动的快慢决定。

5.2.3　垂直分量检波器和压力分量检波器地震信号特点分析

多分量垂直分量（Z）和压力分量（P）对信号的接受方式存在差异，在下行波地震信号上，垂直分量和压力分量的相位相反，这就为利用 P 分量和 Z 分量数据相互叠加去除下行干扰波提供了基础。图 5-3 展示了模拟 Z 分量和 P 分量的波场相位特点。通过提取单道地震信号发现，在 180ms 和 450ms 时，地震信号相位相反（见图 5-4）。

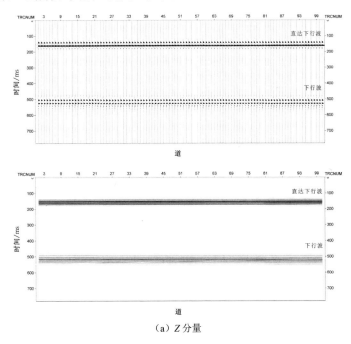

（a）Z 分量

图 5-3　模拟 Z 分量和 P 分量的波场相位特点

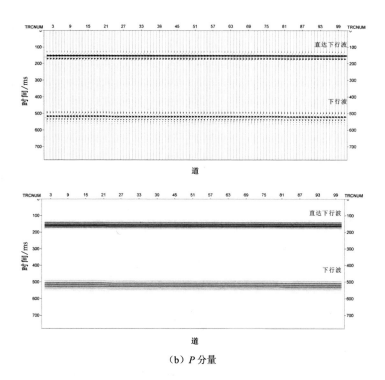

（b）P 分量

图 5-3　模拟 Z 分量和 P 分量的波场相位特点（续）

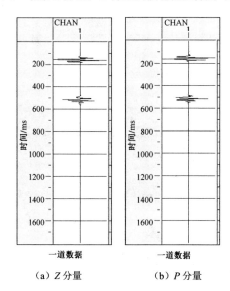

（a）Z 分量　　　　　　　　（b）P 分量

图 5-4　单道信号 Z 分量和 P 分量对比

以上模型提供了压力分量检波器和垂直分量检波器在下行波上的相位差别，为了观察更加复杂的上行波和下行波信息，我们模拟了多层介质的波场特征，图 5-5 显示了复杂介质信号 Z 分量和 P 分量的对比。

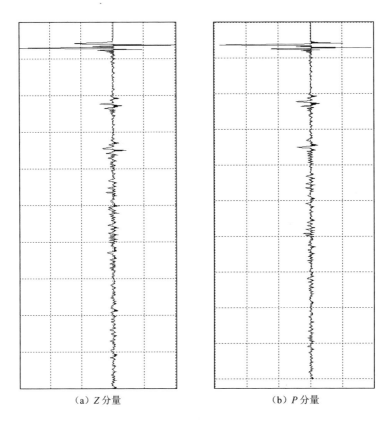

　　（a）Z 分量　　　　　　　　　　（b）P 分量

图 5-5　复杂介质信号 Z 分量和 P 分量对比

通过对实际 OBC 地震数据 P 分量和 Z 分量的数据分析，从频谱上看，P 分量低频部分能量较少，低频部分受到的干扰波较少，高频部分能量较强；Z 分量保持了大部分的低频信号和噪声信号，同时信号高频部分缺失。两种波都存在波陷现象，Z 分量受到更多的多次波和噪声干扰（见图 5-6）。所以通过 P 分量和 Z 分量数据的有效叠加，可以很好地拓宽数据频谱，并压制鬼波与多次波的干扰。

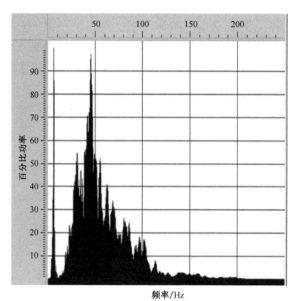

（a）Z 分量频谱特征

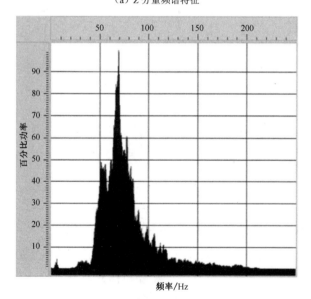

（b）P 分量频谱特征

图 5-6 实际地震数据频谱特征（东方物探印尼海域 OBN 实验数据）

5.3 双检检波器地震数据合成去噪方法

双检检波器包含陆检检波器(Z分量)和水检检波器(压力分量检波器，P分量)。其中，垂直速度检波器对其所在位置质点的垂直运动速度V_z非常敏感，而压力分量检波器则对其所在位置附近的水压p非常敏感。因此，压力分量和垂直分量地震数据在刻度上是不同的。

压力波场可以借助一维波动方程表示为

$$\frac{\partial^2 p}{\partial z^2} = \frac{1}{c^2}\frac{\partial^2 p}{\partial t^2} \tag{5-1}$$

式中，c为介质的速度；t为时间；z为深度。式（5-1）的通解可以表示为

$$p = p + f(z-ct) + p - f(z+ct) \tag{5-2}$$

若Z轴向下为正，那么$p+f(z-ct)$为下行波场D；$p-f(z+ct)$为上行波场U，即有

$$P = U + D \tag{5-3}$$

根据牛顿定律，压力波场P和垂直速度场V_z之间关系为

$$\rho \frac{\partial v_z}{\partial t} = \frac{\partial p}{\partial z}$$

$$\frac{\partial p}{\partial t} = -k \frac{\partial v_z}{\partial z} \tag{5-4}$$

式中，ρ 为介质的密度。Z 轴向下为正，则由式（5-2）和式（5-4）可得

$$\frac{\partial v_z}{\partial t} = \frac{1}{\rho} \frac{\partial p}{\partial z} = \frac{1}{\rho} p + f'(z-ct) + \frac{1}{\rho} p - f'(z+ct)$$

$$V_z = -\frac{1}{\rho c} p + f'(z-ct) + \frac{1}{\rho c} p - f'(z+ct) = \frac{1}{\rho c}(U-D) \tag{5-5}$$

联合式（5-3）和式（5-5），可以得到理想情况下压力分量检波器与垂直分量检波器对上下行波场的响应为

$$P = U + D$$

$$V_z = \frac{1}{\rho c}(U-D) \tag{5-6}$$

继续建立来自海底信号的接收波场模型：

$$H = U_1 + D_1$$

$$G = \frac{U_1 - D_1}{I_1} = \frac{1}{\rho_1 v_1} \tag{5-7}$$

式中，H 和 G 分别为实际非理想环境下实际接收的压力分量和垂直分量信号；I_1 为连接海底以上，海底的波阻抗；I_0 为海水的波阻抗。那么海底的反射系数为

$$R = \frac{I_1 - I_0}{I_1 + I_0} \tag{5-8}$$

联合式（5-6）～式（5-8），建立出压制上行波场的方法：

$$2U_1 = H + I_1 G = H + I_0 \frac{1+R}{1-R} a G_0 \tag{5-9}$$

式中，G_0 为未标准化的原始垂直分量地震信号；a 为原始垂直分量地震信

号和标准化后垂直分量的标准化系数。

　　压力分量检波器和垂直分量检波器对地震波的响应不同，水检资料和陆检资料的振幅能量存在较大差异。此外，陆检与海底的耦合情况与压力检波器存在差异，导致同一道地震信号的响应在压力分量和垂直分量上存在尺度差异。首先我们需要求取尺度差异算子，将相同道的压力分量和垂直分量标准化到同一个尺度，再进行相位等匹配分析。

$$Q = \frac{1}{N_2 - N_1 + 1} \sum_{n=N_1}^{N_2} (H_n - aG_{0n})^2 \qquad (5\text{-}10)$$

式中，H_n 和 G_n 分别代表压力分量和垂直分量地震离散数据；N_1 和 N_2 分别表示地震离散数据的采样跨度数据；Q 表示两个地震信号之间的误差能量；a 表示尺度差异标准化系数。为了使尺度转换后的压力分量检波器和垂直分量检波器之间达到最佳的尺度标准，即 Q 达到最小，就要求有 a 使 $\dfrac{\mathrm{d}Q}{\mathrm{d}a} = 0$，即

$$\begin{aligned}
\frac{\mathrm{d}Q}{\mathrm{d}a} &= \frac{1}{N_2 - N_1 + 1} \sum_{n=N_1}^{N_2} 2(H_n - aG_{0n})(-G_{0n}) \\
&= \frac{-2}{N_2 - N_1 + 1} \left(\sum_{n=N_1}^{N_2} H_n G_{0n} - a \sum_{n=N_1}^{N_2} G_{0n}^2 \right) = 0
\end{aligned} \qquad (5\text{-}11)$$

由此得出标准化系数为

$$a = \frac{\displaystyle\sum_{n=N_1}^{N_2} H_n G_{0n}}{\displaystyle\sum_{n=N_1}^{N_2} G_{0n}^2} \qquad (5\text{-}12)$$

　　在将原始垂直分量标准化到与压力分量在同一尺度后，将标准化后的垂直分量乘以系数 $I_0 \dfrac{1+R}{1-R}$，得到校正后的 Z 分量数据，利用式（5-9）得到压制下行波（鬼波和多次波）的有效信号。

　　以上信号分析均建立在对全频带地震波场的分析中，为了更加准确地计算 P 分量和 Z 分量叠加的匹配参数，我们引入了地震信号分频的概念，通过分析多次波反射信号的频谱特征，设置新的标准化系数 a_i，即

$$f_1a_1, f_2a_2, f_3a_3, \cdots, f_ia_i \tag{5-13}$$

　　在不同频段内，对地震波进行波形振幅匹配，将各自波段的垂直分量匹配到压力分量上，压制多次波后再恢复全频段波场。

5.4　模型数据计算

将本章中的方法应该用到模拟数据中，图 5-7 展示了单炮模拟 Marmousi 2 地震数据模型及观测示意图，表 5-1 展示了本次模拟的观测系统设置。

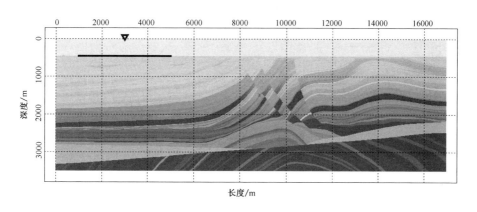

图 5-7　单炮模拟 Marmousi 2 地震数据模型及观测示意图

表 5-1 本次模拟的观测系统设置

OBC		震源位置/m	检波点位置/m	子波信息	V_z	V_x	Pressure
起始点/m	X_1	3000	1000	主频 35Hz			
	Z_1	20	450				
终点/m	X_n		5000		有	有	有
	Z_n		450	Ricker 子波			
数量		1	201				
间距			20				

下面采用弹性波全波场波动方程进行模拟，分别得到 3 个分量的数据。图 5-8 展示了 Z 分量、P 分量和 X 分量的地震数据。

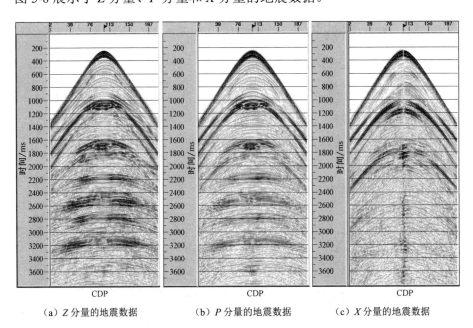

（a）Z 分量的地震数据　　（b）P 分量的地震数据　　（c）X 分量的地震数据

图 5-8　Z 分量、P 分量和 X 分量的地震数据

通过对比 Z 分量和 P 分量地震波相位信息，识别下行波（鬼波和多次波）存在的同相轴，这也是本次双检合并中主要压制的多次波信号区域。图 5-9 分别展示了不同走时区域的多次波。

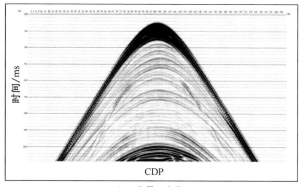

（a）Z 分量（上段）

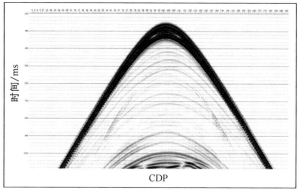

（b）P 分量（上段）

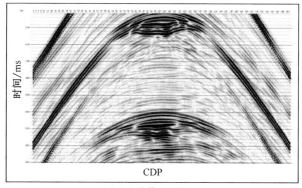

（c）Z 分量（下段）

图 5-9　Z 分量和 P 分量地震信号下行波出现区域放大显示

153

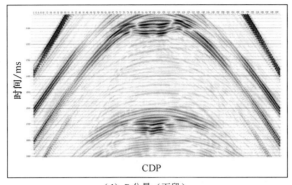

（d）P 分量（下段）

图 5-9　Z 分量和 P 分量地震信号下行波出现区域放大显示（续）

对整个地震数据 Z 分量进行分析，得出鬼波和下行多次波产生的位置，能方便下一步的压制工作。图 5-10 展示了鬼波和下行多次波出现的位置。

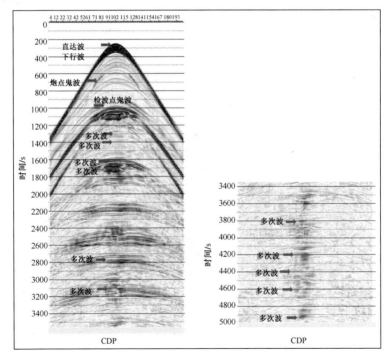

图 5-10　鬼波和下行多次波出现的位置

Z 分量和 P 分量的频谱分析如图 5-11 所示。

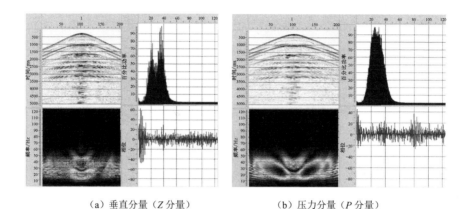

（a）垂直分量（Z 分量）　　　　　　（b）压力分量（P 分量）

图 5-11　垂直分量和压力分量的频谱分析

由于鬼波和多次波的存在，在垂直分量上出现了明显的多次波波陷现象。对数据地震道进行扫描计算，求出每道垂直分量数据频谱选择的标准化匹配系数。根据匹配后的数据进行垂直分量和压力分量的叠加，得到压制鬼波信号的地震记录。图 5-12 展示了双检合并前后的垂直分量地震波信号。

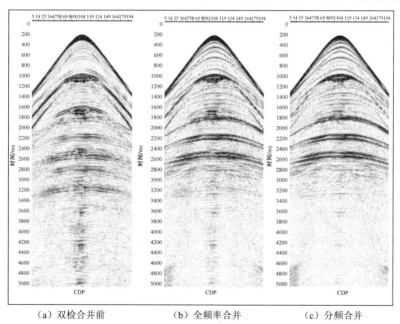

（a）双检合并前　　　　　（b）全频率合并　　　　　（c）分频合并

图 5-12　双检合并前后的垂直分量地震波信号

为了进一步对双检合并压制后的地震数据进行质量监控，我们再次分析了压制后，垂直分量检波器的频谱特征（见图5-13）。从图5-13中可以看出，频谱显示带陷现象消失。

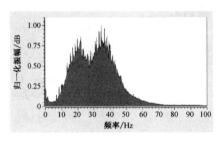

（a）双检合并前

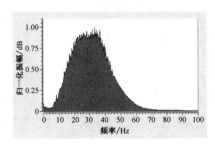

（b）全频率合并

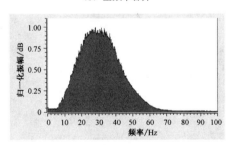

（c）分频合并

图5-13 双检合并压制后垂直分量检波器的频谱特征

在海洋多分量地震数据中，鬼波和多次波的干扰成为近年来叠前去噪领域研究的热点。本章通过自动扫描寻找标准化匹配因子，再通过扫描寻找海底反射系数，求取最终的叠加数据。有效的 PZ 叠加技术可以很好地压制鬼波的干扰。在压制过程中发现，地震数据噪声，尤其是强干扰噪声会影响数据之间匹配因子的判断，所以在进行匹配计算之前，需要压制强干扰噪声。由于不同频率地震波携带了不同的地震能量、不同的波形信息，所以如果对地震波进行分频分解，再利用相关方法进行匹配后叠加合并，那么压制鬼波的效应就会得到有效提升。

第 6 章

全球不同海区海洋地震调查基础数据分析

6.1　引言

海水在温度、盐度和密度上的分层，导致海水在速度上也出现大尺度的分层现象。传统的依据海水均匀速度计算的海洋地震测网布置参数在地震波能量获取上会存在一定误差，分层现象也会导致声波在穿透海水时产生能量损失。本章对全球 8 个不同区域富含深水油气的海域进行了地震测网布置基础数据和能量补偿研究。

6.2　海域分布与海洋物理基础数据计算

结合海洋物理和应用地球物理技术，分别对全球 8 个不同区域富含深水油气的海域（见图 6-1）进行地震数据采集和透射损失参数研究，通过研究将获得在这些海区进行海洋地震调查时采集地震数据必需的偏移距参数，以及研究海洋物性和地震海水能量透射补偿的参数。这 8 个海区对应的位置编号如表 6-1 所示。

获取 8 个海区的 CTD 数据。根据 3.2 节的方法，计算原始数据，求出速度和密度弹性参数。图 6-2 展示了 8 个海区的速度、密度和盐度信息。

表 6-1　8 个海区对应的位置编号

编号	1	2	3	4	5	6	7	8
对应海区	#1111	#1205	#3000	#7715	#3312	#5203	#7208	#3715

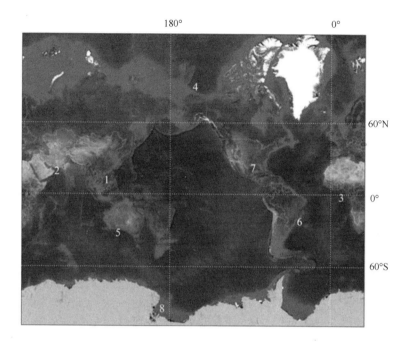

图 6-1　8 个海区位置图

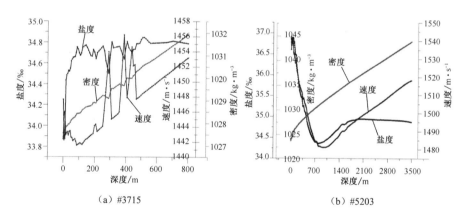

（a）#3715　　　　　　　　　　　　（b）#5203

图 6-2　8 个海区的速度、密度和盐度信息

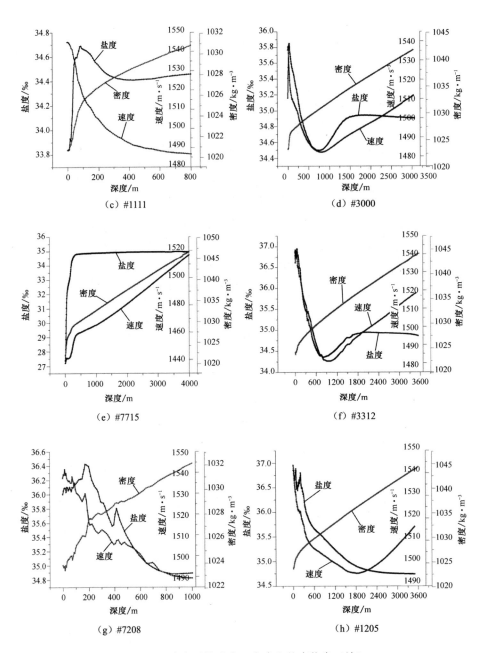

图 6-2　8 个海区的速度、密度和盐度信息（续）

6.3　不同海区观测系统偏移距设置参数分析

6.3.1　全反射最大偏移距计算

根据地震波全反射原理，地震信号在海水中由于速度的层状变化，很容易出现高速层屏蔽现象。根据 8 个海区的声波速度和密度，可求出各海区声波的最大透射角（见表 6-2），具体参数如图 6-3 所示。图 6-3 中，C_a 表示最大透射角，如果声波射线入射角大于最大透射角，声波能量发生全反射，海水下部反射波被屏蔽，就不能获得出现最大透射角层位下部的海水声波参数信息；D 表示对应海区位置的海水深度，根据海水深度 D 和最大透射角 C_a，求出 8 个海区中，调查海水物性的最大偏移距数据。图 6-3（a）对应表 6-2 大小排序中的 1；图 6-3（b）对应 2；依此类推。

表 6-2　各海区声波最大透射角和偏移距

区域编号	最小速度/ m·s⁻¹	最大速度/ m·s⁻¹	透射角/°	正切	海水深度/m	偏移距/m	深度归一化/m	大小排序	位置编号
#7715	1437.526	1516.795	71.394696	2.970530221	4000	23764.24177	1	4	4
#7208	1489.285	1541.548	75.037856	3.741938333	1000	7483.876666	0.25	7	7
#5203	1481.126	1542.302	73.808357	3.443897389	3501	24114.16952	0.87525	3	6
#3715	1441.544	1456.2	81.864309	6.995126413	800	11192.20226	0.2	6	8

区域编号	最小速度/m·s⁻¹	最大速度/m·s⁻¹	透射角/°	正切	海水深度/m	偏移距/m	深度归一化/m	大小排序	位置编号
#3312	1481.134	1542.293	73.810547	3.444388946	3542	24400.05129	0.8855	2	5
#3000	1482.251	1537.209	74.632984	3.638657472	3029	22042.98697	0.75725	5	3
#1205	1495.564	1543.632	75.664143	3.912923453	3500	27390.46417	0.875	1	2
#1111	1486.715	1545.06	74.204137	3.534899232	800	5655.838771	0.2	8	1

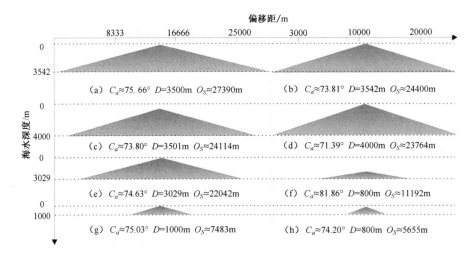

图 6-3 不同海区透射角和偏移距示意图

6.3.2 不同速度分析精度和反射波主频偏移距计算

处理地震资料时，动校正使波形发生畸变，尤其在大偏移距处，因此设计排列长度时要考虑浅层、中层的有效动校正拉伸情况。

$$D = \frac{X^2}{2V^2 T_0^2} \times 100\% \qquad (6\text{-}1)$$

式中，D 为动校正拉伸百分比，取 12.5%；T_0 为目的层双程反射时间；X 为排列长度；V 为均方根速度。为了保证动校正时数据不发生畸变，我们采用常规的动校正拉伸百分比 12.5%。目的层双程反射时间 T_0 和均方根速度 V 的计算结果示意图如图 6-4 所示。

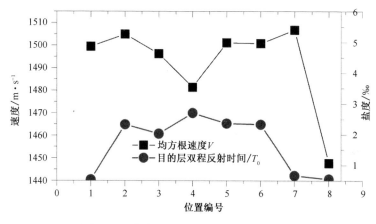

图 6-4   8 个海区 T_0 和 V 的计算结果示意图

根据式(6-1)计算出 8 个海区的拉伸畸变最大偏移距 D_C［见图 6-5(a)］。此外，海水物性调查中需要关注分辨率问题，频率越高分辨率越高，有利于对海水物性和海洋小尺度运动构造进行成像。在不同主频和速度分析精度要求下的偏移距公式为

$$X = \sqrt{\dfrac{2T_0}{F_P\left[\dfrac{1}{V^2(1-P)^2} - \dfrac{1}{V^2}\right]}} \qquad (6\text{-}2)$$

式中，T_0 表示零偏移距旅行时；F_P 表示反射波主频；V 表示均方根速度；P 表示速度分析精度。根据海洋速度场资料，计算出 8 个海区的 T_0 零偏移距旅行时和均方根速度 V，如图 6-4 所示。继续计算各海区在不同主频情况下的偏移距图 6-5 显示了在不同动校正速度分析精度和反射波主频条件下，偏移距需要满足的最小距离。其中图 6-5(a)显示了满足动校正拉伸（D_C）、最大透射偏移距（C_A）及两者之间的距离差（D_{iff}）的情况，我们发现，动

校正拉伸导致畸变的长度远远超过透射偏移距，所以透射偏移距可以作为侧线最大偏移距的参考值。图 6-5（b）～图 6-5（d）展示了速度分析精度分别为 1%、2.5% 和 5% 的情况，反射波主频分别为 20Hz、80Hz 和 120Hz 的情况的最小偏移距要求。

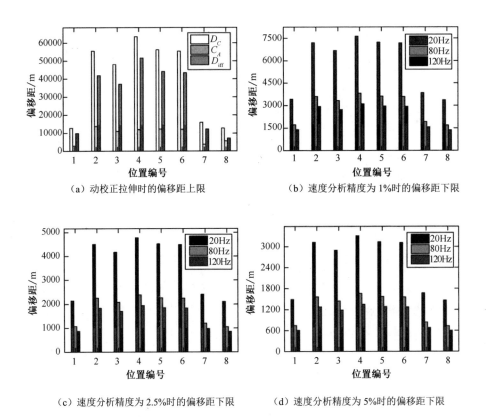

（a）动校正拉伸时的偏移距上限　　　　　（b）速度分析精度为 1% 时的偏移距下限

（c）速度分析精度为 2.5% 时的偏移距下限　　　（d）速度分析精度为 5% 时的偏移距下限

图 6-5　动校正拉伸时的偏移距上限及速度分析精度为 1%、2.5%、5% 时的偏移距下限

根据上面已经计算得到的透射偏移距、动校正拉伸最大偏移距、反射波主频及速度分析精度最低偏移距限制条件，对 8 个海区的偏移距进行了区间进行精细划分（见图 6-6）。

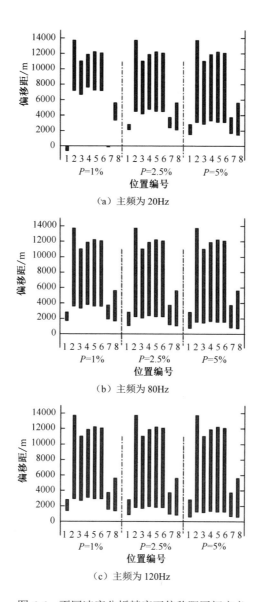

（a）主频为 20Hz

（b）主频为 80Hz

（c）主频为 120Hz

图 6-6　不同速度分析精度下偏移距区间定义

　　图 6-6 中，在不同海区由于海水物性和深度的差异，在相同速度分析精度和反射主频情况下显示出了较大的需求偏移距变化。另外，相同海区针对不同的反射波主频和速度分析精度，其需求的偏移距也不相同。主要变化在需求的偏移据最低限度上。

6.4　不同海区速度和密度的反射系数参数计算

本节结合理论推导和各海区的物性数据，计算了这 8 个海区的海水速度和密度对反射系数的贡献，为在这 8 个海区进行海洋物性调查提供了地震声波衰减能量补偿参数（见图 6-7）。

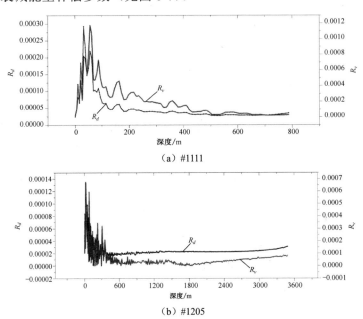

（a）#1111

（b）#1205

图 6-7　8 个海区速度反射系数 R_v 和密度对反射系数 R_d 的贡献值随深度的变化

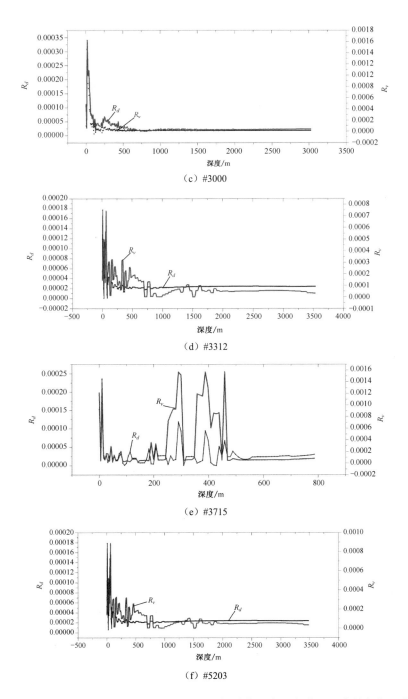

（c）#3000

（d）#3312

（e）#3715

（f）#5203

图 6-7　8 个海区速度反射系数 R_v 和密度对反射系数 R_d 的贡献值随深度的变化（续）

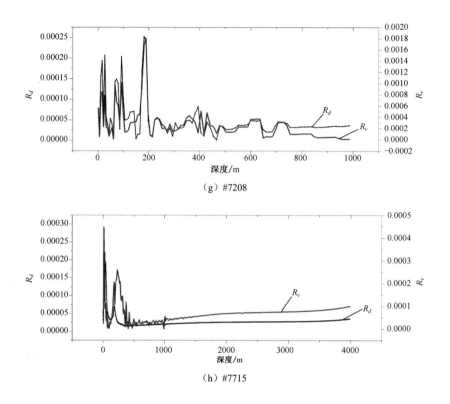

（g）#7208

（h）#7715

图 6-7　8 个海区速度反射系数 R_v 和密度对反射系数 R_d 的贡献值随深度的变化（续）

参考文献

[1]   AKI K, RICHARDS P G. Quantitative seismology[M]. University Science Books, 2002.

[2]   AMUNDSEN L, REITAN A. Decomposition of multicomponent sea-floor data into upgoing and downgoing P-and S-waves[J]. Geophysics, 1995, 60(2): 563-572.

[3]   BALE R B, GRATACOS B, MATTOCKS S, et al. Shear wave splitting applications for fracture analysis and improved imaging: Some onshore examples[J]. First break, 2009, 27(9).

[4]   BAYSAL E, KOSLOFF D D, SHERWOOD J. A two-way nonreflecting wave equation[J]. Geophysics, 1984, 49(2): 132-141.

[5]   COSTA J, SILVA F, NETO M, et al. Obliquity-correction imaging condition for reverse time migration[J]. Geophysics, 2009, 74(3): S57-S66.

[6]   CRAMPIN S. A review of the effects of anisotropic layering on the propagation of seismic waves[J]. Geophysical Journal International, 1977, 49(1): 9-27.

[7]   CRAMPIN S. Geological and industrial implications of extensive-dilatancy anisotropy[J]. Nature, 1987, 328: 491-496.

[8]   CRAMPIN S, VOLTI T, STEFÁNSSON R. A successfully stress-forecast earthquake[J]. Geophysical Journal International, 1999, 138(1): F1-F5.

[9]   DELLINGER J, ETGEN J. Wave-field separation in two-dimensional anisotropic media[J]. Geophysics, 1990, 55(7): 914-919.

[10] DU Q, ZHU Y, BA J. Polarity reversal correction for elastic reverse time migration[J]. Geophysics, 2012, 77(2): S31-S41.

[11] FRANCO G, DAVIS T L, GRECHKA V. Seismic anisotropy of tight-gas sandstones, Rulison Field, Piceance Basin, Colorado[C]. 2007 SEG Annual Meeting, 2007.

[12] GUMBLE J E, GAISER J E. Characterization of layered anisotropic media from prestack PS-wave-reflection data[J]. Geophysics, 2006, 71(5): D171-D182.

[13] HUDSON J. Wave speeds and attenuation of elastic waves in material containing cracks[J]. Geophysical Journal of the Royal Astronomical Society, 1981, 64(1): 133-150.

[14] DAN D K, BAYSAL E. Forward Modeling by a Fourier Method[J]. Geophysics, 1982, 47(10): 1402-1412.

[15] LI X Y, ZHANG Y G. Seismic reservoir characterization: How can multicomponent data help[J]. Journal of Geophysics & Engineering, 2011, 8(2): 123.

[16] LI X. Processing Pp and Ps Wave in Multicomponent Sea-Floor Data for Azimuthal Anisotropy[J]. Theory and Overview, Oil & Gas Science and Technology, 1998, 53(5): 607-620.

[17] CHANCHAL D, CHAKRABORTY B. Preference of echo features for classification of seafloor sediments using neural networks[J]. Mar. Geophys. Res, 2010, 31(3): 212-215.

[18] CHANCHAL D, CHAKRABORTY B. Estimation of mean grain size of seafloor sediments using neural network[J]. Mar. Geophys. Res, 2012, 33(1): 45-53.

[19] CLIVE M, JEREMY S. Sonic to ultrasonic Q of sandstones and limestones: Laboratory measurements at in situ pressures[J]. Geophysics, 2011, 74(2): WA93-WA101.

[20] GOFF D. Estimating net: Gross from data histograms: Examples from deep-water turbidites[J]. Regional Soc. Expl. Geophysics West Africa abstracts, 2004: 1024-1026.

[21] GUO Y G. Research and application of seafloor parameters inversion[D]. Ph.D. thesis, Ocean University of China, 2004.

[22] HAMILTON E L, BACHMAN R T. Sound velocity and related properties of marine sediments[J]. Acoust. Soc. Am, 1982, 72(6): 1891-1904.

[23] HART B. S. Channel detection in 3-D seismic data using sweet ness. AAPG. Bull, 2008, 92(6): 733-742.

[24] HART B S. Stratigraphically significant attributes. TLE, 2008, 27(3): 320-324.

[25] JOHNSTON D H, TOKSÖZ M N. Ultrasonic P and S wave attenuation in dry and saturated rocks under pressure[J]. Geophys. Res, 1980, 85(2): 925-936.

[26] JUN M, MAKOTO S, KATO Y. Laboratory experiments on compressional ultrasonic wave attenuation in partially frozen brines. Geophysics, 2008, 73: 9-18.

[27] LONG R, VOGT T, LOWE M, et al. Measurement of acoustic properties of near-surface soils using an ultrasonic waveguide[J]. Geophysics, 2004, 69(2): 460-465.

[28] LOUGHLIN P J. The time dependent weighted average instantaneous frequency[J]. Proc. IEEE. Intl. Symp, 1998, 10: 97-100.

[29] LOUGHLIN P J. Comments on the interpretation of instantaneous frequency[J]. IEEE. Signal. Proc. Let, 1997, 4(5):123-125.

[30] LU B, LI G X, HUANG S J. Discrimination of seafloor sediment properties from sound velocity waveform and amplitude[J]. Tech. Acou, 2007, 26: 6-10.

[31] MARK J, WIN L. Weighted average seismic attributes[J]. Geophysics, 1999, 65(1): 275-285.

[32] MATSUSHIMA J, SUZUKI M, KATO Y, et al. Laboratory experiments on compressional ultrasonic wave attenuation in partially frozen brines[J]. Geophysics, 2008, 73(2): N9-N18.

[33] MITCHELL S K, FOCKE K C. New measurements of compressional wave attenuation in deep ocean sediments[J]. Acoust.Soc. Am, 1980, 67(5): 1582-1589.

[34] PRASAD M, DVORKIN J. Velocity to porosity transforms in marine sediments[J]. Petrophysics, 2001, 42(5): 429-437.

[35] PRASAD M, ZIMMER M, BONNER B, et al. Measurement of velocities and attenuation in shallow soils, to appear in Near-Surface Geophysics Volume II: Case Histories[J]. Soc. Expl. Geophys., Tulsa, OK.

[36] WANG Y H. Reservoir characterization based on seismic spectral variations[J]. Geophysics, 2012, 77(6): M89-M95.

[37] WEI J X, DI B R, LI X Y. Effects of fracture scale length and aperture on seismic weve properties: An experimental study[J]. SEISM. EXPLOR, 2007, 16: 265-280.

[38] WEIMER P, ROGER M S. Petroleum systems of deep water settings[J]. Soc. Expl. Geophys., Tulsa, OK.

[39] WHITE R E. Properties of instantaneous seismic attributes[J]. TLE, 1991, 10(7): 26-32.

[40] ZHAO T H. Submarine high-resolution acoustic detection and the application[J]. Ph.D. thesis, Ocean University of China, 2011.

[41] ZHOU D P, LU B, Yan P. Three kinds of acoustic speeds of seafloor sediments in northern South China Sea with temperature variation[J]. Chinese J. Geopys, 2012, 55(3): 1017-1024.

[42] ZHU Z Y, WANG D, ZHOU J P. Acoutic wave dispersion and attenuation in marine sediment based on partially gas saturated Biot-Stoll model[J]. Chinese J. Geopys, 2012, 55(1): 180-188.

[43] WANG Q, WANG Y, HU X Y, et al. Marine rock physical flume experiment: The method of seafloor shallow sediment recognition by ultrasonic physical attributes[J]. Journal of Applied Geophysics, 2015, 115: 197-205.

[44] PAUL W, ROGER M. Slatt. Petroleum systems of deepwater settings[J]. Society of Exploration Geophysicists, 2004.

[45] DAI J, XU H, SNYDER F. Detection and estimation of gas hydrates using rock physics and seismic inversion: Examples from the northern deepwater Gulf of Mexico[J]. The Leading Edge, 2004, 23(1): 60-66.

[46] HANSON R. Analysis of time-lapse data from the Alba Field 4C/4D seismic survey[J]. Petroleum Geoscience, 2003, 9(1): 103-111.

[47] INDRAJIT G. Roy Pre-stack inversion of a Gulf of Thailand OBC data set[J]. Geophysics, 1999, 21(1): 1470-1473.

[48] TIMOTHY J S. Elastic full waveform inversion of multicomponent ocean-bottom cableseismic data: Application to Alba Field, U. K. North Sea[J]. Geophysics, 2010, 75(6): R109-R111.

[49] ROGER M S. Acoustic and petrophysical properties of a clastic deepwater depositional system from lithofacies to architectural elements scale[J]. Geophysics, 2009, 74(2): W53-W50.

[50] CLIVE M C, JEREMY S. Sonic to ultrasonic Q of sandstones and limestones: Laboratory measurements at in situ pressures[J]. 2009, 74(2): WA93-WA101.

[51] OSTERMEIER R M, PELLETIER J H, WINKER C D, et al. Dealing with shallow-water flowin the deepwater Gulf of Mexico[A]. In: Proc. Offshore Tech. Conf, 1999, 32(1): 75-86.

[52]   PELLETIER J H, OSTERMEIER R M, WINKER C D, et al. Shallow water flow sands in the deepwater Gulf of Mexico: Some recent Shell experience[A]. In: International Forum on Shallow Water Flows Conference, League City, TX, 1999, 10: 6-9.

[53]   MICHAEL W. Anisotropic 3D full-waveform inversion[J]. Geophysicists, 2013, 78(2): R58-R63.

[54]   SONG Y, SONG H B, CHEN L, et al. Sea water thermohaline structure inversion from seismic data: Chinese[J]. Geophys. (in Chinese), 2010, 53(11): 2696-2702.

[55]   JONES E J W. Marine geophysics[M]. London: University College London, 1999: 67-68.

[56]   HUANG X H, SONG H B. Ocean temperature and salinity distributions inverted from combined reflection seismic and XBT data: Chinese[J]. Geophys. (in Chinese), 2011, 54(5): 1293-1300.

[57]   BERTRAND A, MACBETH C. Seawater velocity variations and real-time reservoir monitoring[J]. The Leading Edge, 2003, 22(4): 351-355.

[58]   HAN F X. On some computational problems in wavefront construction method[D]. PhD Thesis, Changchun: College for Geoexploration Science Technology of Jilin University, 2009.

[59]   SONG Y, SONG H B, CHEN L, et al. Sea water thermohaline structure inversion from seismic data: Chinese[J]. Geophys. (in Chinese), 2010, 53(11): 2696-2702.

[60]   SHIN C, PYUN S, BEDNAR J B. Comparison of waveform inversion, Part 1: Conventional wavefield vs logarithmic wavefield, Geophys[J]. Prospect, 2007, 55: 449-464.

[61]   HOBBS R. GO-Geophysical Oceanography: A new tool to understand the thermal structure and dynamics of the ocean[J], EC-NEST 15603, Durham Univ., Durham, U. K, 2009.

[62] MILLERO F J, CHEN C T, BRADSHAW A, et al. A new high pressure equation of state for seawater[J]. Deep Sea Res., Part A, 1980, 27(3-4): 255-264.

[63] BUFFETT G, BIESCAS B, PELEGRI´ J L, et al. Seismic reflection along the path of the Mediterranean undercurrent[J]. Cont. Shelf Res, 2009, 29: 1848-1860.

[64] BIESCAS B, SALLARE`S V, PELEGRI´ J L, et al. Imaging meddy fine structure using multichannel seismic data[J]. Geophys. Res. Lett, 2008, 35: L11609.

[65] HOLBROOK W S, FER I. Ocean internal wave spectra inferred from seismic reflection transects[J]. Geophys. Res. Lett, 2005, 32: L15604.

[66] PA´RAMO P, HOLBROOK W S. Temperature contrasts in the water column inferred from amplitude-versus-offset analysis of acoustic reflections[J]. Geophys. Res. Lett, 2005, 32: L24611.

[67] TSUJI T, NOGUCHI T, NIINO H, et al. Two-dimensional mapping of fine structures in the Kuroshio current using seismic reflection data[J]. Geophys. Res. Lett, 2005, 32: L14609.

[68] STOVAS A, Ursin B. Second-order approximations of the reflection and transmission coefficients between two visco-elastic isotropic media[J]. Seis. Expl, 2001, 9: 223-233.

[69] ASCH M, KOHLER W, PAPANICOLAOU G, et al. Frequency content of randomly scattered signals[J]. SIAM Rev, 1991, 33: 519-625.

[70] BACKUS G E. Long wave anisotropy produced by horizontal layering[J]. Geophys. Res, 1962, 67: 4427-4440.

[71] BAKKE N E, URSIN B. Thin-bed AVO effects[J]. Geophys. Prosp, 1998, 46: 571-587.

[72] BURRIDGE R, DE HOOP M V, HSU K, et al. Waves in stratified viscoelastic media with microstructure[J]. Acoust. Soc. Am, 1993, 94: 2884-2894.

[73] BURRIDGE R, PAPANICOLAOU G S, WHITE B. Onedimensional wave propagation in a highly discontinuous medium[J]. Wave Motion, 1988, 10: 19-44.

[74] DAUBECHIES I. Ten lectures on wavelets[J]. Soc. Ind. Appl, 1992.

[75] Modeling offset-dependent reflectivity for time-lapse monitoring of water flood production in thin-layered reservoirs: 71st Ann[J]. Internat. Mtg., Soc. Expl. Geophys., Expanded Abstracts, 177-180.

[76] FOLSTAD P G, SCHOENBERG M. Low frequency propagation through fine layering: 62nd Ann[J]. Internat. Mtg., Soc. Expl. Geophys., Expanded Abstracts, 1992: 1278-1281.

[77] FOUQUE J P, PAPANICOLAOU G, SAMUELIDES Y. Forward and Markov approximation: The strong-intensity-fluctuations regime revisited[J]. Waves in Random Media, 1998, 8: 303-314.

[78] GABOR D. Theory of communication[J]. IEEE, 1946, 93: 429-457.

[79] GHOSH S K. Limitations on impedance inversion of band-limited reflection data[J]. Geophysics, 2000, 65: 951-957.

[80] HARDAGE B A, SIMMONS J L, PENDLETON V M, et al. 3-D seismic imaging and interpretation of Brushy Canyon slope and basin thin-bed reservoirs, northwest Delaware Basin[J]. Geophysics, 1998, 63: 1507-1519.

[81] HERRMANN F. A scaling medium representation, a discussion on well-logs, fractals and waves[J]. Ph.D. thesis, Delft University of Technology, 1997.

[82] HSU K, BURRIDGE R. Effects of averaging and sampling on the statistics of reflection coefficients[J]. Geophysics, 1991, 56: 50-58.

[83] HSU K, BURRIDGE R, WALSH J. P-wave and S-wave drifts in a slow formation: 62nd Ann[J]. Internat. Mtg., Soc. Expl. Geophys. Expanded Abstracts, 1992: 185-188.

[84] IMHOF M G. Scale and frequency dependence of reflection and transmission coefficients: 68th Ann. Internat. Mtg., Soc. Expl.Geophys., Expanded Abstracts, 1998: 1680-1683.

[85] WANG Y, GRION S, BALE R. Up-down deconvolution and subsurface structure: Theory, limitations and examples. 80th Annual International Meeting, SEG, Expanded Abstracts, 2010: 1672-1676.

[86] WANG P, JIN H, XU S, et al. Model-based water-layer demultiple[J]. 81st Annual International Meeting, SEG, Expanded Abstracts, 2011: 3551-3555.

[87] RANJAN D, GEORGE S, ROY H, et al. Wide-area imaging from OBS multiples[J]. Geophysics, 2009, 74(6): 41-47.

[88] DIDIER L, BOELLE J L, ABDERRAHIM L, et al. WAZ mirror imaging with nodes for reservoir monitoring Dalia pilot test[C]. 72nd EAGE Conference and Exhibition, Expanded Abstracts, 2010.

[89] AUDEBERT F, NICHOLS D, REDKAL T, et al. Imaging complex geologic structure with single-arrival Kirchhoff pre-stack depth migration[J]. Geophysics, 1997, 62: 1533-1543.

[90] Brian H H, et al. Applications of OBC recording[J]. The Leading dge, 2000, 19(4): 382-391.

[91] 董崇志，宋海斌，王东晓，等. 海水物性对地震反射系数的相对贡献[J]. 地球物理学报，2013，56（6）：2123-2132.

[92] 宋海斌，Pinheirlm，王东晓，等. 海洋中尺度涡与内波的地震图像[J]. 地球物理学报，2009，52（11）：2775-2780.

[93] 陈春峰. 世界深水勘探特点及中国深水勘探现状分析[J]. 石油天然气学报，2007，27（6）：835-837.

[94] 韩复兴，孙建国，王坤. 海水速度变化对地震波走时、射线路径及振幅的影响[J]. Applied geophysics，2012，9（3）：319-325.

[95] 张选民.4C OBC 深海地震采集系统技术发展[J]. 物探装备，2006，16（1）：19-22.

[96] 张中杰. 地震各向异性研究进展[J]. 地球物理学进展，2002（2）：281-293.

[97] 张中杰. 多分量地震资料的各向异性处理与解释方法[M]. 哈尔滨：黑龙江教育出版社，2002.

[98] 宋海斌，拜阳，董崇志. 南海东北部内波特征——经验模态分解方法应用初探[J]. 地球物理学报，53（2）：393-400.

[99] 王红梅，赵建明. 双检检波器在 OBC 勘探中的应用[J]. 物探装备，2009，19（增刊）：38-40.

[100] 李一保. 海上地震勘探全程多次波特点和压制方法研究[D]. 武汉：中国地质大学，2008.

[101] 杨正华. 海上地震勘探模拟实验研究及二次定位理论探讨[D]. 西安：长安大学，2004.

[102] 冯凯，陈刚，罗敏学. 二次定位技术的应用[J]. 石油地球物理勘探，2006，41（3）：346-349.

[103] 韩立强，全海燕. 老堡南地区海底电缆采集方法[J]. 石油地球物理勘探，2003，38（3）：226-230.

[104] 韩学义，曹建明，刘军，等. 海上 OBC 勘探双震源采集方式的实现[J]. 物探装备，2011，21（6）：360-364.

[105] 陈浩林，张保庆，倪成洲，等. 水深对 OBC 地震资料的影响分析与对策[J]. 石油地球物理勘探，2010，45（增刊 1）：18-24.

[106] 易昌华，方守川，秦学彬.OBC 二次定位系统定位算法研究[J]. 物探装备，2008，18（6）：35-353，366.

[107] 杨志国，陈昌旭，张建峰，等. 提高浅海 OBC 地震资料采集作业放缆点位精确度的理论计算方法[J]. 石油物探，2011，50（4）：406-409.

[108] 韩立强，常稳. 海底电缆初至波二次定位技术的应用[J]. 石油物探，2003，42（4）：502-504.

[109] 金丹，阎贫，唐群署，等. Kirchhoff 波场延拓在 OBC 记录海水层基准面校正中的应用[J]. 热带海洋学报，2011，30（6）：84-89.

[110] 全海燕，韩立强. 海底电缆双检接收技术压制水柱混响[J]. 石油地球物理勘探，2005，40（1）：7-12.

[111] 胡天跃，王润秋，温书亮. 聚束滤波法消除海上地震资料处理的多次波[J]. 石油地球物理勘探，2002，37（1）：18-23.

[112] 胡天跃. 地震资料叠前去噪技术的现状与未来[J]. 地球物理学进展，2002，17（2）：218-223.

[113] 王润秋，胡天跃. 用三维聚束滤波方法消除相关噪声[J]. 石油地球物勘探，2005，40（1）：42-47.

[114] 杨有发，张建祥. 海洋地震勘探[M]. 长春：吉林科学技术出版社，1997：29-31.

[115] 罗小明，牛滨华，于延庆，等. 海上某区二维地震多次波的识别和压制[J]. 现代地质，2003，17：474-478.

[116] 王汝珍. 多次波识别与衰减[J]. 勘探地球物理进展，2003，26（5-6）：423-432.

[117] 刘长辉，王建鹏，曹军. 海洋多次波特征和压制方法初探[J]. 石油天然气学报，2005，27（4）：608-609.

[118] 张一波，刘怀山，吴志强. 南黄海多次波特征及其速度分析[J]. 海洋地质动态，2008，24（8）：8-13.

[119] 刘怀山，于小刚，童思友，等. 现代海底沉积调查及地震数据处理方法[J]. 青岛海洋大学学报，2003，33：51-55.

[120] 陆基孟，王永刚. 地震勘探原理[M]. 3 版. 北京：中国石油大学出版社，2011.

[121] 李录明，李正文. 地震勘探原理、方法和解释[M]. 北京：地质出版社，2007.

[122] 王汝珍. 多次波识别与衰减[J]. 勘探地球物理进展，2003，26（5）：423-432.

[123] 韩晓丽，刘怀山，杨怀春. 滩浅海高精度地震勘探虚反射特征研究[J]. 青岛海洋大学学报，2003，33：61-66.

[124] 单刚义，韩立国，张丽华，等. 压电式检波器在高分辨率地震勘探中的试验研究[J]. 石油物探，2009，48（1）：91-95.

[125] 罗福龙，易碧金，罗兰兵. 地震检波器技术及应用[J]. 物探装备，2005，15（1）：6-14.

[126] 陈金鹰，龚江涛，等. 地震检波器技术与发展研究[J]. 物探化探计算技术，2006，29（5）：382-285.

[127] 吕公河. 地震勘探检波器原理和特性及有关问题分析[J]. 石油物探，2009，48（6）：531-543.

[128] 刘怀山，刘志田，杨翔. 地震检波器信号机理研究[J]. 青岛海洋大学学报，2003，33：19-24.

[129] 邹奋勤，刘斌，童思友，等. 数字检波器在地震勘探中的应用效果[J]. 海洋地质与第四纪地质，2008，28（3）：133-138.

[130] 付小宁，王力. 动圈式过阻尼地震检波器测试的研究[J]. 现代计量测试，1999，（3）：43-45.

[131] 于淑贤. 两种地震检波器可靠性检测方法的比较[J]. 石油工业技术监督，1998，14（7）：57-58.

[132] 李国栋，汉泽西. 地震检波器频率响应特性的研究[J]. 石油仪器，2009，23（4）：11-13.

[133] 熊小娟. 海底电缆双检资料消除鸣震处理技术[J]. 技术前沿，2011，1：53.

[134] 丁伟，张家田. 地震勘探检波器的理论与应用[M]. 西安：陕西科学技术出版社，2006.

[135] 严川. 海底电缆资料多次波衰减方法探究[J]. 中国造船，2008，49（22）：403-407.

[136] 周建新，姚姚. 双检波器压制海上鸣震[J]. 中国海上油气（地质），1999，13（5）：359-362.

[137] 段云卿. 匹配滤波与子波整形[J]. 石油地球物理勘探，2006，41（2）：156-159.

[138] 马在田. 地震偏移成象[M]. 北京：石油工业出版社，1989.

[139] 步长城，刘怀山. 三维叠前时间偏移技术在永新高密度细分面元资料处理中的应用[J]. 海洋地质动态，2008，24（12）：34-38.

[140] 徐升，GILLES L. 复杂介质下保真振幅 Kirchhoff 深度偏移[J]. 地球物理学报，2006，49（5）：1431-1444.

[141] 何英，王华忠，马在田，等. 复杂地形条件下波动方程叠前深度成像[J]. 勘探地球物理进展，2002，25（3）：13-19.

[142] 胡毅，刘怀山，陈坚，等. 地震海洋学研究进展[J]. 地球科学进展，2009，24（10）：1094-1104.

[143] 吴志强，闫桂京，童思友，等. 海洋地震采集技术新进展及对我国海洋油气地震勘探的启示[J]. 地球物理学进展，2013，28（6）：3056-3065.

[144] 宋建国，王艳香，乔玉雷，等. AVO 技术进展[J]. 地球物理学进展，2008，23（2）：508-514.

[145] 克利尔波特 A J. 地震偏移[M]. 马在田，张叔伦，译. 北京：石油工业出版社，1983.

[146] 李桂花，朱光明，张文波. 剩余静校正异常对叠加结果的影响与采集参数和反射特征的关系[J]. 地球科学与环境学报，2004，26（4）：75-80.

[147] 程玉坤，曹孟起，冉建斌，等. 海底电缆双检接收资料的几种处理方法及应用效果[J]. 2007，40（1）：7-12.

[148] 杨志国，陈昌旭，张建峰，等. 提高浅海 OBC 地震资料采集作业放缆点位精确度的理论计算方法[J]. 石油物探，2011，50（4）：406-409.

[149] 全海燕，韩立强. 海底电缆双检接收技术压制水柱混响[J]. 石油地球物理勘探，2005，40（1）：7-1.